새로운
사회 수업의
발견

이종원 지음

바로 쓸 수 있는
지리 탐구
수업 가이드

창비교육

새로운 사회 수업의 발견

이종원 지음

바로 쓸 수 있는
지리 탐구
수업 가이드

창비교육

대학 강의나 교사 연수를 통해 학생들이 흥미를 갖고 참여하는 수업을 강조해 왔다. 참여만 하는 것이 아니라 참여를 통해 학생들이 의미 있는 지식을 얻었으면 좋겠다. 의미 있다는 것은 지금 당장 학생들에게도 중요하고, 그들 미래의 삶에도 중요하다는 의미가 될 것이다. 책을 쓰는 모든 저자들이 그러하듯 이 책에는 이러한 나의 생각을 담으려고 노력했다.

이 책을 설명하는 하나의 키워드를 꼽으라면 탐구(inquiry)일 것이다. 질문에 근거를 갖고 답하는 과정을 탐구라 생각한다. 학생들이 흥미를 갖고 수업에 참여하고, 현재와 미래에 가치 있는 지식과 기능을 습득하는 데 탐구는 좋은 도구가 된다. 탐구는 다양한 방식으로 수업에 접목될 수 있다. 교실에서의 수업 활동과 탐구를 연계한다면, 사진 분석하기, 그림 그리기, 모형 만들기, 추측하기, 테크놀로지 활용하기, 게임과 시뮬레이션, 유추 등 다양한 학생 참여형 탐구 수업을 계획할 수 있다. 또한, 질문에 대한 근거를 야외 조사를 통해 수집하는 것이 가능하다. 우리는 이러한 방식을 탐구형 야외 조사라 부른다. 마지막으로 학생들의 탐구 과정과 결과물을 보고서나 논문으로 작성하게 할 수 있을 것이다. 이 책은 이렇게 '교실 수업에서의 탐구', '야외 조사 활동으로서의 탐구', '탐구 기반의 글쓰기'라는 세 부분으로 구성되었다.

이 책은 다양한 대학 강의와 여러 프로젝트의 결과물이다. 나는 수업 시간에 예비 교사들에게 입버릇처럼 흥미 있고 학생들이 참여하는 그러면서도 여전히 중요한 내용을 다루는 그런 수업 자료를 개발해 보라 요구해 왔다. 이를 위해서는 학생들에게 좋은 수업 자료를 보여주고, 경험하게 하는 것이 가장 좋은 방법이다. 이 책을 통해 제시된 많은 수업 자료와 아이디어는 한국과학창의재단, 한국연구재단, 한국국토정보공사 등에서 발주한 수업 자료 개발 프로젝트와 깊게 연결되어 있다. 프로젝트를 통해 수업 자료를 개발하고, 페이스북을 통해 수업 자료 내용을 공유하고 적용하고 싶은 선생님을 찾고, 또 성과를 공유하는 작업을 반복해 왔다. 많은 수업 자료는 내가 개발하였지만, 선생님들의 실천과 경험을 통해 업그레이드된 버전들이 실리게 되었다. 중요한 것은 이 책의 수업 자료가 상상력의 산물이거나 단지 계획만 해본 것이 아니라 많은 선생님이 실제로 활용해 본 자료들이라는 것이다.

이 책은 새로운 방법으로 수업을 해보고 싶은 선생님, 수업으로 구현된 탐구가 무엇인지 궁금한 선생님, 학생들이 흥미를 갖고 참여하는 모습을 보고 싶은 선생님들에게 좋은 아이디어가 될 것이다. 이 책을 활용하다 보면 자신만의 수업 아이디어를 개발할 수 있는 역량도 자연스럽게 길러질 것이라 믿는다.

2023년 5월 이화여자대학교에서

이종원

차례

1

창의적
수업 활동

모형 활용하기

지리 수업에서는 사진, 통계, 지도, 위성영상, 뉴스, 영화, 광고, YouTube 동영상, SNS 등 여러 가지 유형의 자료들을 활용한다. 어떤 유형의 자료라 하더라도 지리 수업을 위해 계획되고 활용된다면 지리 수업 자료가 된다(임덕순, 1986). 모형은 현상의 모습, 구조 혹은 원리를 보다 분명하게 보여줄 목적으로 만든 실제보다 작게 만들어진 입체적인 수업 자료를 의미한다. 일반적으로 모형은 한눈에 관찰하기 어려운 스케일의 대상(예, 지구)이나 눈으로는 관찰하기 어려운 구조(예, 지구 내부 구조), 혹은 원리(예, 단층의 원리)를 보여줄 목적으로 제작한다. 사전적 의미에서 모형을 '실물을 모방하여 만든 물건'으로 정의할 수 있지만, 모형의 영어단어에 해당하는 'model'의 경우 모형과 모델의 의미를 동시에 갖고 있어 주의가 필요하다. 모델은 과학, 수학, 경제학 등의 학문에서 복잡한 시스템이나 현상에 대한 통찰을 제시하기 위한 수단의 의미에 가깝다(Sibley, 2009). 즉, 지구본이 모형에 해당한다면 중력모형(gravity model)은 모델이라 할 수 있다.

지리 수업에 사용되는 모형은 크게 네 가지의 특징을 갖는다. 첫째, 지도, 사진, 영상이 2차원의 평면 형태라면 지리모형은 3차원의 입체이다. 모형은 3차원으로 제작되기 때문에 목표로 하는 현상을 입체적·사실적으로 표현하는 것이 가능하다. 모형은 여러 각도에서 관찰할 수 있기 때문에 2차원의 자료와 함께 활용한다면 의미를 더 명확하게 이해할 수 있다. 예를 들어, 등고선을 토대로 지형모형을 직접 만들어본다면 등고선과 지형의 관계를 더 쉽게 이해하는 것이 가능하다(Lambert and Balderstone, 2010). 둘째, 모형은 눈으로 보기 어려운 현상이나 원리를 관찰할 수 있게 해준다는 측면에서 '시각화(visualization)'의 기능을 갖는다. 지리학습의 대상이 되는 현상들은 종종 스케일이 너무 크거나 발생하는 시간 단위가 너무 길어 직접적인 관찰이 불가능한 경우가 많다. 예를 들어, 대양과 해양의 판을 다루는 판구조론은 관찰할 수 없고, 해안지형의 변화 역시 짧은 시간의 관찰만으로는 변화를 파악하기 어렵다. 반면에 모형을 활용한다면 관찰 가능한 수준으로 크기를 축소할 수 있을 뿐 아니라 지형 변화를 일으키는 프로세스까지 짧은 시간 내에 재현하는 것이 가능하다 **해안지형 모형 참조**. 셋째, 모형은 목적에 맞춰 특정 부분을 강조하거나 단순화시킨다. 대부분의 지리모형은 현상을 정확하게 묘사하기보다는 목표로 하는 특징, 구조, 원리를 효과적으로 보여주는 데 초점을 둔다. 지형모형의 경우 실제보다 높낮이의 차이를 강조하기도 하고, 지형형성 과정이 뚜렷하게 나타나도록 일부 요소를 생략하기도 한다. 가령, 해안의 퇴적이나 침식을 보여주는 모형들의 경우 실제는 개방적 시스템이지만 재현 가능성을 위해 폐쇄적 시스템으로 제작된다. 따라서 모형을 제작한다면 어떤 부분에 집중하고, 상대적으로 포기할

표 1.1 모형을 활용한 학습활동의 분류

관찰	눈으로 관찰하거나 손으로 만지는 활동이다. 모양의 형태가 변화하지 않는다는 점에서 조작과 구분된다.
조작	모형의 형태를 변화시키거나, 자극(예, 빛)을 통해 모형에 나타난 변화를 관찰하는 활동이다. 주로 구조나 원리를 설명하는 데 초점을 둔다.
실험	모형을 통해 가설을 설정하고 결과를 확인하는 활동이다. 넓은 의미에서 조작의 한 형태로 볼 수 있다.
만들기	ⓐ 지리적 현상이나 원리, 구조를 재현하는 데 초점을 둔 만들기 활동이다.
	ⓑ 원리나 구조의 정확한 재현보다는 창의적 표현에 초점을 둔 만들기 활동이다.

부분은 어디인지, 어느 수준까지가 교육적으로 용인되는지 미리 고민할 필요가 있다. 넷째, 모형은 수업에서의 활용을 전제로 한다. 즉, 모형은 예술작품이나 전시용이 아니며 수업의 활용을 전제로 계획되고, 제작되고, 활용되어야 한다. 따라서 모형은 수업이라는 맥락에서 이해되어야 한다.

모형은 다른 유형의 수업 자료에 비해 다양한 수업 활동을 계획할 수 있다. 사진이나 지도를 활용한다면 관찰이나 분석 정도의 활동을 계획할 수 있지만 모형을 활용한다면 관찰하고 분석하는 것은 물론 만져보고, 조작하고, 나아가 직접 만들어보는 활동까지 가능하다. 모형을 활용한 학습활동은 크게 관찰, 조작, 실험, 만들기의 네 가지의 유형으로 구분할 수 있다(표 1.1).

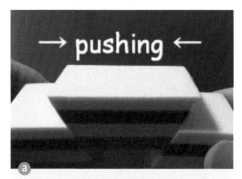

손으로 조작하며 단층의 원리를 이해하는 활동

무선조도센서를 활용해 빛의 양을 측정하는 방식으로 계절의 변화를 설명할 수 있다.

도시의 구조와 특성에 따라 도시를 제작할 수 있다.
(사진 제공: 김종미 선생님)

국토의 형상 위에 자신들이 원하는 주제나 정보를 창의적으로 표현한다.

그림 1.1 **모형을 활용한 학습활동의 분류**

새로운 사회 수업의 발견

관찰은 모형을 눈으로 관찰하거나 손으로 만지는 성격의 활동이다. 지구본을 관찰하며 대륙과 해양의 위치와 면적, 모습을 설명하고, 지도와 지구본에 나타난 대륙의 모양과 크기를 비교할 수도 있다. 모형의 형태가 변화하지 않는다는 측면에서 조작과 구분된다. 조작은 구조나 원리를 이해할 목적으로 모형을 만지거나 형태를 변화시키는 활동이다. 가령, 정단층이나 역단층 등 단층의 유형별 발생 원리를 보여줄 수 있는 모형을 손으로 조작해가며 단층의 구조와 원리를 이해하는 방식이다 ⓐ. 단순히 읽거나 관찰하는 것과 달리 손으로 조작하는 활동은 뇌뿐만 아니라 몸(손)을 통해 느끼고 경험함으로써 현상에 대한 이해를 높일 수 있다. 실험은 가설을 설정하고 모형의 조작을 통해 결과를 확인하는 활동이다. 가설 설정은 과학적인 가설 설정에서부터 '이렇게 하면 어떻게 될까?'와 같은 간단한 예측이나 질문까지 포괄한다. 실험은 자연현상의 원인과 결과, 혹은 요인과 영향 등을 파악하고 추론하는 데 효과적이다. 예를 들어, 건조

바르한 만들기

바르한(barchan) 만들기는 지형의 형태와 형성 프로세스를 이해하는 데 초점을 둔 모형 만들기 활동이다. 바르한 만들기에 필요한 준비물은 지점토나 찰흙, 혹은 키네틱 샌드(kinetic sand, 미국 와바펀사와 스웨덴 델타샌드사에서 개발한 모래놀이 장난감)와 같은 지형의 형상을 만들 수 있는 재료와 지형의 형성과정을 설명하는 자료이다. 자료에는 바르한의 구조적 특징이 드러나야 하며, 모식도나 사진을 함께 제시하는 것도 좋은 방법이 된다. 바르한을 설명한 전공서적의 일부를 제시할 수도 있다. 학교에서 배우는 모든 종류의 지형을 만들어볼 수 있는 것은 아니며, 비교적 지형의 구조와 생성 프로세스가 명확한 것들(예, 양배암 등)이 만들기 활동에 적합하다. 단순히 형태만 비슷하게 만드는 것에 초점을 두지 않도록 왜 그러한 모습을 갖게 되었는지를 설명하는 정보를 제작하는 모형 옆에 함께 제시하도록 한다.

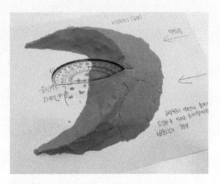

그림 1.2 키네틱 샌드로 만든 바르한 모형

지형에서 사구가 어떻게 형성되는지를 보여주기 위해 쌓아둔 모래를 선풍기로 날려 보낼 수 있다. 지구본을 실험 방식으로 활용하는 것도 가능하다. 어두운 방에서 백열 등으로 지구본을 비춘 다음 지구본의 북반구와 남반구에 도달하는 빛의 양을 무선조 도센서(wireless light sensor)로 측정한다면 계절의 변화가 발생하는 이유를 설명할 수 있다 ⓑ. 만들기는 학생들이 직접 모형을 제작하는 방식이다. 만들기는 다시 두 가지 유형으로 구분된다. 첫 번째는 지리적 현상이나 원리, 구조를 재현하는 데 초점을 둔 만들기 활동이다. 예를 들어, 학생들은 빙하에 의해 형성된 U자곡이나 건조지형의 바 르한을 만들어봄으로써 지형의 구조와 형성과정을 이해할 수 있다 바르한 만들기 **참조**. 학생 들이 좋아하는 재료(예, 케이크)를 이용해 해안지형의 침식과정을 설명하는 것도 가능 하다 케이크로 만든 해안침식 지형 **참조**. 만들기 과제의 주제로는 지형 형성의 프로세스와 구조가 비 교적 명료하게 밝혀진 것을 선정하는 것이 효과적이다. 자연 현상뿐 아니라 인문현상 도 모형으로 제작할 수 있다(Balderstone and Payne, 1992). 예를 들어, 사진ⓒ는 도시 의 공간구조를 모형으로 종이박스로 재현한 사례이다. 이 활동을 통해 학생들은 도시 공간구조의 특징과 각각의 기능들이 어떻게 분화되는지를 파악하였다. 유목민들의 이 동식 텐트(예, 몽골의 게르, 툰드라 지역의 춤 등)나 건조지역의 가옥(예, 벽이 두껍고, 창이 작고, 지붕이 평평한)을 만들어 봄으로써 지역의 환경에 적응한 주거의 특징과 구조를

케이크로 만든 해안침식 지형

시아치(sea arch)가 형성되는 과정을 단계 별로 보여주는 모식도를 제시하고, 케이크 를 모식도에 따라 침식시켜 보는 활동을 진 행할 수 있다. 해안침식 지형은 상대적으로 학생들이 이해하기 쉬워하지만 이러한 특별 한 활동을 통해 잊지 못할 기억을 심어줄 수 있다.

▶ 유효정, 강소현 수업 아이디어

그림 1.3 케이크로 만든 해안침식 지형(시아치)

이해할 수도 있다. 만들기의 두 번째 유형은 원리나 구조의 정확한 재현보다는 만들기의 창의적 표현에 초점을 둔 활동이다(Parkinson, 2009). 예를 들어, 학생들은 자신들만의 미니어처 경관을 만들어보는 활동을 통해 특정 도시나 지역의 경관에 대해 창의적으로 생각해 볼 기회를 가질 수 있다. 가령, 지점토를 활용해 자신이 표현하고 싶은 국토의 다양한 특징이나 주제(예, 지역의 주요 하천, 지역별 랜드마크, 지역별 대표 음식 등)를 표현하게 할 수 있다 ⓓ.

해안지형 모형

해안지형 모형은 파도에 의한 해안의 침식과 퇴적을 모식적으로 보여줄 수 있는 학습활동이다. 넓은 플라스틱 상자에 모래로 해안지형을 제작하고 물을 넣어 파도를 일으키는 방식으로 해안지형을 제작한다. 1차시에는 파랑에 의한 침식과 퇴적 프로세스를 이해하는 데 초점을 두고, 2차시에는 해안가 마을에 높은 파도가 밀려온다는 가정하에 마을의 피해를 최소화하기 위한 방안으로 방파제의 위치를 결정하는 소그룹별 게임을 진행할 수 있다.

그림 1.4 **해안지형 모형을 활용한 수업의 활동 순서**

ⓐ 만과 곶은 어디인가? 파도가 치면 어떻게 변할까?

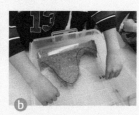
ⓑ 파도 발생 전과 후의 비교를 위해 해안선 모양을 그려 놓는다.

ⓒ 소그룹별로 파랑에 의해 해안선의 모양이 어떻게 변화할지 예상하고 설명한다.

ⓓ 파도를 일으키고 침식과 퇴적에 따른 해안선의 변화를 관찰한다.

ⓔ 해안마을을 파도로부터 보호하기 위해 방파제의 위치를 결정한다.

ⓕ 소그룹별로 파도를 발생시켜 결과를 확인한다.

사진 분석하기

'사진 한 장이 천 마디의 말보다 낫다'는 말을 한다. 수업에서 이 말이 성과를 거두려면 충족시켜야 할 몇 가지 조건이 있다. 우선, 천 마디 말보다 나은 사진을 찾아야 하고, 사진이 의도한 바를 뚜렷하게 보여줄 수 있는 크기로 제시되어야 하며, 사진의 내용을 정확하게 읽을 수 있어야 한다. 하지만 교과서 속의 사진은 문자 정보를 보조하는 역할로 사용될 뿐 주인공이 되는 사례를 만나는 것은 쉽지 않다. 따라서 좋은 사진을 활용하고 싶다면 자료 제작에 필요한 글을 먼저 작성해 놓고 필요한 사진 자료를 찾는 것이 아니라(이 경우 사진은 보조 자료의 역할을 벗어날 수 없다), 내용을 명료하게 보여줄 수 있는 사진을 먼저 찾아 놓고 필요한 설명을 보완하는 방식으로 작성한다면 사진이 가진 장점을 충분히 발휘할 수 있다.

그렇다면 제대로 된 사진은 어떤 모습일까? 좋은 사진은 주제를 가장 선명하게 보여줄 수 있는 사진일 것이다. 이러한 설명이 틀린 것은 아니지만 이러한 설명만으로 좋은 사진을 찾는 것은 쉽지 않다. 일반적으로 교과서를 제작하거나 수업 자료를 만들 때 활용 가능한 사진 선정의 팁은 다음과 같다. 첫째, 일반적으로 먼 거리에서 찍은 경관사진보다는 사람들이 등장하는 사진이 학생들의 흥미를 끌기에 유리하다. 사람의 활동이 나타난 사진일수록 사진을 찍은 사람들의 의도가 명료하게 드러난다. 사진 속에 또래의 학생들이 등장한다면 학생들의 시선을 끄는 데 유리하다. 교사 자신의 모습이 들어간 사진을 활용하는 것도 좋다. 교사는 사진을 통해 하고 싶은 말이 많아지고, 이러한 생생한 스토리는 학생들을 사진을 찍었던 그 시간 그곳으로 데려간다(그림 2.1).

그림 2.1 산불 피해지역의 답사에서 산불로 검게 그을린 나무 표면을 손으로 만진 다음 사진에 담고 있다.

한편, 수업 자료나 교과서의 사진들은 절대적인 크기가 너무 작은 편이다. 멋진 경관사진을 보고 감탄하기 위해서는, 자연재해의 사진을 보고 위험을 느끼기 위해서는, 다른 지역 사람들의 일상생활을 보고 호기심을 갖고 분석하기 위해서는 사진은 충분히 커야 한다. 〈그림 2.2〉와 같이 사진을 충분히 크게 제시할 수 있다면 야외에 나가지 않고도 답사를 체험할 수 있다.

지리사진을 어떻게 읽어야 하며, 그 방법은 어떻게 가르칠 수 있을까? 이에 대한 해답은 전문가('지리학자')들이 지리사진을 읽고 해석하는 방식에서 힌트를 얻을 수 있다.

그림 2.2 대형 지리사진을 이용한 야외 조사 경험 제공하기(사진 제공: Lynn Moorman)

지리학자들은 자신들의 전공 분야에 대해 체계적이고 많은 양의 지식을 갖고 있으며, 이를 유연하게 적용할 수 있는 사람들이다. 흥미로운 것은 지리학자들은 평소 잘 알고 있는 지리사진을 읽을 때와 잘 알지 못하는 지리사진을 읽을 때 다른 방식을 사용한다는 것이다. 이들은 사진 속에서 처음 보는 장소가 등장한다면 '이곳은 어디야'라고 말하는 대신 사진에 담긴 정보들을 하나씩 해석하며 최대한 논리적으로 추론하려한다. 즉, 사진을 이미지로 받아들이는 것이 아니라 필요한 정보를 뽑아내야 할 정보원(information resource)으로 보는 것이다. 전문가들은 자신들의 추론이 확실하지 않을 경우 최종적인 판단을 유보하거나 추가적인 정보가 필요하다고 말하는 등 조심스러운 태도를 보이기도 했다 지리학자가 지리사진을 보는 방법 **참조**. 전문가들이 사진을 분석하는 방식은 체계적인 훈련을 통해 배워볼 수 있다. 하지만 훈련만으로는 부족하며 내용에 대한 지식이

지리학자가 지리사진을 보는 방법

지리학자들은 지리사진을 분석할 때 어떻게 일반인이나 초보자들과 어떤 차이가 있을까? 이러한 궁금증을 해결하기 위해 전문가와 초보자들을 대상으로 지리사진을 분석하는 실험을 하였다. 13장의 지형사진을 제시한 다음 원하는 주제에 맞춰 사진들을 분류해 보도록 했다. 과연 이들은 어떻게 지형사진을 분류했을까?

새로운 사회 수업의 발견

실험에 활용된 13장의 지형 사진

❶ 사막포도 　❷ 슬럼프(a) 　❸ 선상지 　❹ 탑 카르스트
❺ 슬럼프(b) 　❻ 자유곡류천 　❼ 석회동굴 　❽ 바르한
❾ 석회암단구 　❿ 합류선상지 　⓫ 핑고 　⓬ 모레인 　⓭ 암괴류

전문가들은 초보자들에 비해 더 많은 분류 기준을 활용했으며 더 많은 사진을 분류한 것으로 나타났다. 전문가들이 활용한 분류기준의 성격에서도 차이가 나타났다. 이들은 건조지역, 하천지형, 구조지형, 주빙하지형 등 '지형형성과정'이나 퇴적작용, 침식작용, 침식/퇴적 등 '삭평형작용'과 같이 심층적인 개념이나 프로세스를 활용한 반면 초보자들은 산, 하천, 자갈 등 표면적 특징에 주목했다. 한편, 핑고(사진 11)는 초보자와 전문가의 지형지식에 대한 차이를 뚜렷하게 보여준다. 대부분의 초보자는 〈사진 11〉을 핑고로 인식하지 못했으며 일부는 섬이나 오름으로 판단했다. 이들은 핑고 주변의 호수나 하천에 주목하여 주빙하지형인 핑고를 자유곡류하천(사진 2)과 가장 많이 연결했다. 반면, 전문가들은 모두 〈사진 11〉을 핑고로 인식했을 뿐 아니라 다른 주빙하지형인 모레인(사진 12), 암괴류(사진 13)와 연결했다.

출처: 김성희, 이종원, 2012, 전문가와 초보자의 지형카드 분류 창에 대한 연구, 한국지리환경교육학회지, 20(1), 63-78.

동시에 갖춰줘야 한다.

　사진을 분석한다는 것은 사진으로부터 정보를 추출하고, 이를 자신의 지식과 연결

표 2.1 사진 분석을 위한 세 가지 인지 활동 - 기술, 설명, 추론

구분	의미	예시
기술하다 (describe)	현상의 특징을 파악해 있는 그대로 기록하는 것이다.	"히잡을 쓰고 있다." "젊은 여성들이 많다."
설명하다 (explain)	파악한 특징을 자신의 지식과 연결하는 것이다.	"이슬람을 믿는다." "낮은 노동비가 공장입지 결정에 중요한 고려 요인이다."
추론하다 (infer)	파악된 특징과 자신의 지식을 근거로 삼아 다른 판단을 이끌어 내는 것이다.	"이들이 만든 상품은 자국에서 팔리기보다는 수출될 가능성이 높다."

지어 판단하는 과정이다. 이러한 일련의 과정을 활동을 통해 연습할 수 있다. 우선, 사진에 대한 인지활동을 기술, 설명, 추론의 세 가지로 분류할 수 있다(표 2.1).

아래 사진은 개발도상국에 위치한 제조업 공장의 내부 사진에 대한 분석의 예시이다. 학생들의 기술, 설명, 추론을 지원하기 위해 칸이 구분된 사진 분석 프레임을 제공할 수 있다(그림 2.3).

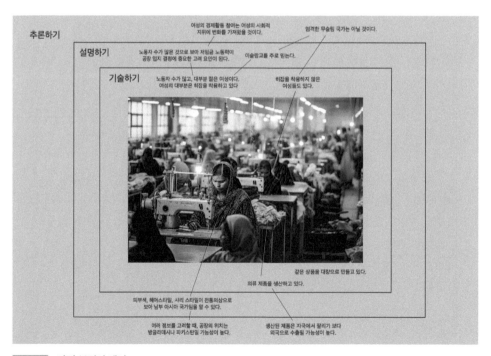

그림 2.3 사진 분석의 예시

지리사진 분석하기 활동은 평가도구로 활용이 가능하다. 수업에서 활용한 사진을 제시한 다음 학습한 내용을 사진에 기술하게 하는 방식으로 평가할 수 있으며, 사전-사후 방식으로 두 차례 진행한다면 수업을 통한 지식의 변화를 판단하는 것도 가능하다. 지리사진을 제시하고 내용을 파악하게 하는 방식은 주로 학교 교육과 연계하여 '시험'이라는 형태로 진행되어 왔다. 예를 들어, 영국의 중등학교 지리 졸업시험에는 선택형, 단답형, 사진 해석/기술(photo interpretation/description), 지도 해석, 데이터 분석, 서술형 등 다양한 방식의 문항이 활용된다. 여기서 사진의 해석/기술은 사진 자료에 대한 학생의 지식/이해의 적용을 평가하는 문항이다. 가령, 특정 식생의 사진을 제시한 후 "식생의 특징을 기술하고 설명"하게 요청할 수 있다 지리사진을 활용한 평가 문항 참조.

　　사진이 지리 수업의 핵심자료가 된다면 사진을 중심으로 수업 활동을 구성할 수 있다. 가령, 관광지로 유명한 산지 및 해안지형이 수업의 주제라면 관광지로 유명한 지형경관의 사진을 수집해 학생들에게 제시한 다음 자신들이 선호하는 영화의 장르별(예, 멜로, 공상과학, 호러 등) 배경장소로 선정해 스토리보드를 작성하게 할 수 있다. 이때 학생들은 일정 숫자 이상의 지형경관 사진을 활용해야 하며, 경관의 내용과 스토리는 자연스럽게 연결될 필요가 있다.

　　사진을 통해 수업시간에 배운 내용을 정리하는 것도 가능하다. 일련의 사진을 제공한 다음 학습한 내용을 정리하게 하거나 학습한 내용과 상황이 유사한 장면을 제시한

그림 2.4 영화 제작자가 되어 영화의 내용에 적합한 배경을 찾는 활동

지리사진을 활용한 평가 문항

■ 오른쪽은 중앙아메리카의 열대우림 사진이다. 사진에 나타난 식생의 특징을 기술하고 설명하라.[1] [6점]

| 평가요소 |

학생들의 답변은 사진의 내용에 대한 기술(description)과 설명(explanation)을 반드시 포함해야 한다. 답변을 위해 사진을 활용했다는 명확한 증거가 필요하다(예, 나무를 지탱하기 위해 여러 갈래로 뻗은 듯한 뿌리, 덤불과 관목, 곧게 올라가는 나무의 몸통 등). 사진에서 관찰된 특징이 보이지 않는다면 점수는 없다. 잎들은 종종 길쭉하고 끝이 뾰족한 모양을 하고 있다. 이곳은 강수량이 많은데 빗물이 이러한 잎을 타고 흘러 잎이 부러지지 않도록 해준다. 잎의 줄기 또한 유연해서 태양의 움직임을 따라 움직일 수 있다. 나무껍질은 얇고 부드러워 빗물이 자유롭게 흘러내릴 수 있다. 이 지역은 기온이 높아 추위로부터 나무를 보호할 필요가 없기 때문이기도 하다. 왁스와 같은 잎의 표면은 열을 반사하는 역할을 한다. 덩굴식물과 같은 일부 식물들은 광합성을 위해 키가 큰 나무를 타고 올라가기도 한다. 여러 갈래로 뻗은 듯한 뿌리는 아주 높게 자라는 나무(일부는 50m 이상 자라기도 한다)를 지탱하는 데 유리하다. 이들은 햇빛을 차지하기 위해 높게 자라는 것이다.

| 평가기준 |

수준	점수	설명
3 (상세한)	5~6	사진에서 파악한 특징들을 해석하기 위해 열대우림 식생에 대한 상세한 수준의 지식을 활용하였다. 사진에 나타난 특징들을 열대우림환경의 기후와 명확하게 연결시키고 있다.
2 (명료한)	3~4	식생과 기후에 대한 정확한 지식을 통해 자신의 설명을 뒷받침하고 있다. 사진의 활용이 명확하고 효과적이다.
1 (기초적인)	1~2	열대우림 지역의 식생과 기후에 대한 제한된 수준의 지식을 보여준다. 사진의 활용이 제한적이다.

내셔널지오그래픽의 편집자가 되다!

'내셔널지오그래픽의 편집자가 되다!'는 학생들에게 사진을 제시하고 가상의 독자들을 대상으로 사진에 대한 적절한 설명을 제시하는 활동이다. 특정 주제를 다루는 특집호를 계획할수 있으며, 잡지의 형식에 맞춰 광고를 추가하는 것도 가능하다. 학생들에게는 아래의 상황을 제시한다.

"여러분들은 내셔널지오그래픽의 인턴입니다. 툰드라 기후 지역 사람들의 생활을 취재하러 갔던 사진기자가 원고를 보내왔는데 사진만 도착하고 사진에 대한 설명은 도착하지 않았습니다. 원고 마감이 이제 겨우 2시간 남았는데 사진에 대한 설명을 쓸 수 있는 사람은 인턴당신뿐입니다! 편집장은 당신에게 사진에 대한 설명 기사를 완성할 것을 부탁했습니다."

학생들에게는 잡지의 표지와 사진만 채워진 잡지를 제공한다. 학생들에게 예시를 제시한다면 설명하기 훨씬 수월해진다. 학생들은 사진을 정확하게 설명해야 할 뿐 아니라 잡지라는 특성을 반영해 설명해야 한다.

다음 지식을 적용할 수 있는지 확인할 수 있다. 이때 대중 잡지를 위한 사진 설명과 같은 상황을 제시하는 것도 유용하다. 예를 들어, 경관이 뛰어난 일련의 사진을 제시한 다음 학생들에게 내셔널지오그래픽의 에디터 역할을 부여할 수 있다 ^{내셔널지오그래픽의 편집자가 되다! **참조**}. 이 방법은 사진에 대한 정확한 기술을 넘어 맥락에 맞는 사진의 설명과 해석을 요구한다는 측면에서 실제적인 능력을 길러줄 수 있다.

이미지로 표현하기

사진, 그래프, 동영상 등 이미지 자료를 읽고 해석하고, 또한 이들을 통해 자신의 생각을 표현할 수 있는 능력은 21세기 정보화 시대가 요구하는 중요한 기능이 되었다(Aberg-Bengtsson and Ottosson, 2006; Newcombe, 2006). 실제로 미국에서 진행된 '21세기 기술(The 21st Century Skills)' 프로젝트에서는 이러한 능력을 디지털 시대에 성공하기 위한 핵심역량 중 하나로 선정한 바 있다(NCREL, 2002).

지리학에서는 전통적으로 지도나 그래프 등 이미지를 활용한 정보의 의사소통이 중요하였다. 이러한 능력을 가리켜 '도해력(graphicacy)'이라 불렀다. 도해력은 사진(photographs), 지도학(cartography), 그래픽 디자인(graphic design) 등에 공통으로 사용되는 그래프(graph)와 리터러시(literacy) 속의 'acy'가 결합된 용어이다. 도해력은 문자나 숫자로는 효과적으로 전달하기 어려운 공간정보를 지도, 사진, 그래프 등과 같은 시각적 수단을 활용해 의사소통하는 능력을 의미한다(Balchin and Coleman, 1965). 지도나 그래프와 같은 지리학에서 자주 사용하는 매체뿐 아니라 고속도로 안내판, 로고, 건물의 도면 등 다양한 시각적 표현을 포괄하는 용어이다(Balchin, 1976; 1996).

이 용어를 맨 처음 고안한 발친(Balchin)과 콜먼(Coleman)에 따르면, 교육은 내용

표 3.1 의사소통의 수단별 입력과 출력 측면

의사소통 수단	해석 측면	표현 측면
문해력	읽기	쓰기
수리력	숫자 이해	숫자 조작
구어를 통한 의사소통 능력	듣기	말하기
도해력	지도 읽기	지도 작성하기
	그래프/도표 읽기	그래프/도표 작성하기
	사진 읽기	사진 찍기
	상징 읽기	상징 만들기

출처: Balchin, 1985의 내용을 재구성하였음.

| 문항 |

아래는 런던의 일부 지역의 보행자 흐름을 보여주기 위해 학생들이 각 지점에서 5분 동안 보행자의 숫자를 관찰한 다음 작성한 지도이다.

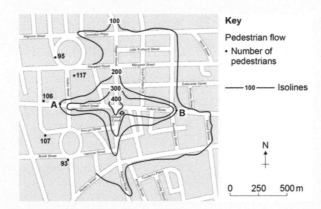

1 100명의 보행자 흐름을 보여주는 선을 완성하시오. [1점]
2 완성된 지도를 토대로 보행자 흐름의 패턴을 기술하시오. [2점]
3 위 지도에 제시된 정보를 나타낼 수 있는 다른 방법을 제안해 보라. [1점]
4 위 지도에 나타난 정보가 왜 정확하지 않을 수 있는지 설명해 보라. [2점]

그림 3.1 도해력의 표현을 묻는 문항 예시(출처: 영국 중등학교 졸업시험 AQA 2016년 문항)[2)]

(과목)과 내용을 전달하는 의사소통 수단으로 구성된다. 의사소통 수단은 (1) 문어를 활용한 문해력(literacy), (2) 숫자를 활용한 수리력(numeracy), (3) 구어를 활용한 의사소통 능력(articulacy), (4) 이미지를 활용한 도해력의 네 가지로 구성된다(Balchin and Coleman, 1965). 각각의 의사소통 수단은 정보를 해석하는 방향과 정보를 표현하는 방향을 동시에 갖는다. 예를 들어, 지도의 정보를 읽는 것은 도해력의 해석에 해당하고, 공간정보를 지도로 제작하는 것은 도해력의 표현에 해당한다(표 3.1). 즉, 지도 작성하기, 데이터를 바탕으로 그래프/도표 작성하기, 자신의 생각을 담은 사진 찍기, 상징을 통해 정보를 효과적으로 표현하기 등은 도해력의 표현에 해당한다. 발친은 그동안의 학교교육이 도해력의 해석 측면만을 강조해왔다고 비판한다. 실제로 한국의 학교교육에서도 지도나 그래프의 작성보다는 지도나 그래프에 담긴 정보를 읽어내는 능력을 기르는 데 많은 시간을 쏟고 있다(이종원 외, 2010). 그림 〈3.1〉은 도해력의 표현을 묻는 문항의 예시이다.

지리와 미술을 융합하여 지역의 심벌마크를 디자인해 볼 수 있다. 활동을 위해 지역성을 반영해 심벌마크를 제작한 사례들을 미리 살펴본다면 활동을 이해하는 데 도움이 된다 심벌마크를 찾아라! **참조**. 지역의 심벌마크를 디자인하기 위해서는 어떤 내용을 포함할 것인지 미리 조사하고 논의하는 과정이 필수적이다(디자인 수업이 아니라는 것을 잊지 말자!). 학생들이 제작한 심벌마크는 아래의 기준을 통해 평가할 수 있다.

- 내용적 측면 - 우리 지역의 특성(정체성)을 담고 있는가? 심벌마크는 우리 지역을 떠올리게 하는가?
- 디자인 측면 - 지역의 특성(정체성)이 미(美)적으로 표현되었는가? 형태와 내용이 모방적이지 않고 창의적인가?

심벌마크를 찾아라!

1 제시된 심벌마크와 설명을 연결하라.

❶　　❷　　❸　　❹

❺　　❻　　❼　　❽

우리 시는 첨단 전자산업으로 유명한 곳이야. 핵 모양을 통해 첨단 전자산업을 표현했지. 우주궤도 모양을 닮은 전자운동처럼 첨단 전자산업 분야의 세계적 리더가 되려고 해. 우리 지역은 어디일까?

우리 지역의 지명에 포함된 '丹'을 볼 수 있을 거야. 그리고 서로 인사하는 사람처럼 보이지 않아? 관광지로 유명한 우리 지역의 친절한 이미지를 담으려고 했어. 우리 지역은 도담삼봉이라는 강에 둘러싸인 세 봉우리가 유명해! 우리 지역은 어디일까?

우리 시에 오면 심벌마크처럼 보이는 성과 성곽을 볼 수 있어. 이 성은 조선시대 만들어졌는데 세계문화유산으로 지정되었어. 우리 지역은 어디일까?

우리 시는 설악산, 일출, 깨끗한 바다와 호수의 물고기를 나타내려 했어. 따뜻하고 밝은색을 활용해서 즐거운 관광도시를 표현해 봤어. 우리 지역은 어디일까?

심벌마크에서 보이는 왕관은 우리 지역에서 출토된 유명한 역사적 유물이야. 흰색 점은 첨성대에서 바라본 별을 표현한 거야. 우리 지역은 어디일까?

우리 지역의 대표 특산물인 대게를 표현했어. 자세히 보면, 우리 지역의 푸른 바다와 동해의 붉은 태양을 볼 수도 있을 거야. 우리 지역은 어디일까?

우리 지역의 유명한 문화재인 무령왕릉을 형상화한 디자인이야. 안쪽의 6개의 조각은 6개의 동을, 바깥쪽의 10개의 조각은 10개의 읍과 면을 나타내는 거야. 활기찬 느낌을 강조하려고 밝은색을 많이 활용했어. 우리 지역은 어디일까?

우리 시의 오랜 역사와 문화를 나이테로 표현해 봤어. 아래쪽의 물줄기는 영산강을 의미하고, 위쪽의 잎은 특산품인 '배'를 표현한 거야. 우리 지역은 어디일까?

2 지자체의 심벌마크는 종종 지역의 고유한 자연환경, 유명 특산물, 문화 유적이나 유물, 그리고 지자체의 목표나 희망을 디자인에 활용한다. 위의 심벌마크 사례들이 활용한 디자인 요소를 찾아보자.

	❶	❷	❸	❹	❺	❻	❼	❽
고유한 자연환경		○						
유명 특산물								
문화유적/유물	○							
목표/희망		○						
기타								

지역의 특성을 반영한 상품을 디자인하는 과제도 가능하다. 특히, 중·고등학생들은 카페, 음료, 디저트 등에 관심이 많기 때문에 지역성을 반영해 카페의 음료나 디저트를 디자인하게 할 수 있다. 이미 스타벅스나 다른 프랜차이즈 매장에서는 특정 지역에서만 판매하는 상품을 디자인해서 판매하고 있으며, 이들 메뉴를 통해 제품의 이름에 담긴 의미, 재료의 출처, 모양이나 디자인이 표현하고자 하는 내용을 설명하는 사례들을 설명할 수 있다.

학생들에게 아래와 같은 상황을 제시하고 학생들에게 음료나 디저트 디자인을 요청할 수 있다.

음료와 디저트를 개발하라!

여러분은 스타벅스 신메뉴 개발팀의 인턴에 최종 합격했습니다. 여러분의 첫 임무는 '지역 마케팅 프로젝트'에 참여해 지역의 특성에 맞는 새로운 음료를 개발하는 것입니다. 시범 적용을 거쳐 최고의 실적을 올린 상품은 정식 상품으로 판매될 예정입니다. 여러분의 멋진 아이디어를 제안해 주세요.

- 어떤 지역을 선정하였나요?
- 그 지역의 지역성을 보여줄 수 있는 단어가 있다면 무엇인가요?(5개 이하)
- 이 음료의 이름은 무엇인가요?
- 어떤 재료를 활용하였나요?
- 이 음료의 이름, 내용물, 디자인을 지역의 특성과 연결해서 설명해 주세요.

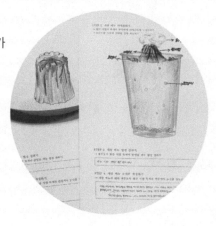

학생들이 제작한 제주도 음료 및 디저트 예시
▶ 이슬, 김이슬, 차서영 수업 아이디어

지리 수업에 다루는 다양한 주제를 그리기와 연결해 볼 수 있다. 예를 들어, 자연경관을 표현하거나 인문 문제를 다룬 포스터를 작성해 볼 수도 있다 _{인구문제 해결을 위한 포스터 제작} _{하기} **참조**. '안내판이 필요해!'는 주상절리, 포트홀, 시스텍 등 신기한 모습의 지형을 소개하는 안내판을 제작하는 활동이다. 앞서 내셔널지오그래픽의 편집자가 되다! 활동이 주어진 사진에 대해 맥락에 맞춰 설명을 제시하는 과제라면 안내판이 필요해! 활동은 사진에 맞춰 안내판을 제작하는 과제이다. 학생들에게 안내판을 제작할 대상(지형경관)을 제시하고(그림 3.2), 지형경관의 형성과 특징을 이해할 수 있는 안내판을 제작하게 한다. 특히, 자신들의 또래를 대상으로 친절한 안내판을 작성해야 하는 것이 과제의 핵심

학교에서 멀리 떨어지지 않은 계곡에 친구들과 놀러 갔다가 찍은 사진입니다. 계곡의 바위 위에 둥근 모습의 웅덩이가 파여 있고 가운데는 물이 고여 있습니다. 주변에 저렇게 생긴 바위들이 곳곳에 널렸는데 하나같이 가운데는 작은 돌들이 들어 있습니다. 누군가 일부러 넣은 것 같지는 않은데…. 오늘 처음 본 것은 아니지만 매번 볼 때마다 어떻게 저렇게 생겼는지 참 신기합니다. 그런데 아쉽게도 제대로 된 설명을 들어본 적이 없습니다. 〈지리답사반〉 동아리에서 이 문제를 함께 해결해 보기로 했습니다. 그리고 조사한 내용을 다른 사람들도 볼 수 있게 안내판을 만들 계획입니다.

학교에서 멀리 떨어지지 않은 바닷가에 친구들과 놀러 갔다가 찍은 사진입니다. 가장 신기한 부분은 탑같이 기다랗게 생긴 바위의 모습입니다. 사진 오른쪽의 절벽을 보면 암석의 색깔은 서로 비슷해 보이는데 어떻게 저런 모습을 갖게 된 것일까요? 오늘 처음 본 것은 아니지만 매번 볼 때마다 참 신기합니다. 그런데 아쉽게도 제대로 된 설명을 들어본 적이 없습니다. 〈지리답사반〉 동아리에서 이 문제를 함께 해결해 보기로 했습니다. 그리고 조사한 내용을 다른 사람들도 볼 수 있게 안내판을 만들 계획입니다.

학교에서 멀리 떨어지지 않은 산에 친구들과 놀러 갔다가 찍은 사진입니다. 산의 한쪽 벽면에 마치 국수를 세워놓은 것처럼 기둥들이 줄지어 서 있습니다. 아래쪽 편에는 기둥에서 떨어져 나온 것으로 보이는 돌들이 여기저기 흩어져 있습니다. 누군가 의도적으로 만든 것 같지는 않은데…. 오늘 처음 본 것은 아니지만 매번 볼 때마다 어떻게 저렇게 생겼는지 참 신기합니다. 그런데 아쉽게도 제대로 된 설명을 들어본 적이 없습니다. 〈지리답사반〉 동아리에서 이 문제를 함께 해결해 보기로 했습니다. 그리고 조사한 내용을 다른 사람들도 볼 수 있게 안내판을 만들 계획입니다.

학교에서 멀리 떨어지지 않은 산에 친구들과 놀러 갔다가 찍은 사진입니다. 가장 신기한 부분은 힘주어 밀면 떨어질 것처럼 보이는 가장 윗부분의 바위입니다. 이 산의 정상부에는 저런 모습의 바위들을 쉽게 볼 수 있지만 아쉽게도 제대로 된 설명을 들어본 적은 없습니다. 오늘 처음 본 것은 아니지만 매번 볼 때마다 어떻게 저렇게 생겼는지 참 신기합니다. 그런데 아쉽게도 제대로 된 설명을 들어본 적이 없습니다. 〈지리답사반〉 동아리에서 이 문제를 함께 해결해 보기로 했습니다. 그리고 조사한 내용을 다른 사람들도 볼 수 있게 안내판을 만들 계획입니다.
(사진 제공: 김석용 선생님)

그림 3.2 안내판이 필요해! 활동지

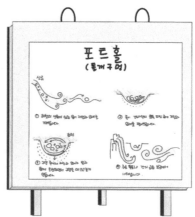

그림 3.3 안내판이 필요해! 결과물 예시

이기 때문에 문자보다는 그림이나 카툰의 방식을 적극적으로 활용하도록 유도한다.

안내판을 작성하기 위해서는 각각의 지형이 어떻게 형성되었는지를 설명해야 하지만 학생들의 사전지식만으로는 충분하지 않을 수 있다. 이를 위해 개념 연결 활동을 통해 안내판 작성에 필요한 지식과 용어에 습득을 지원할 수 있다(그림 3.4). 개념 연결 활동에 제시된 사진과 용어, 설명을 잘라서 모둠별로 제시한 다음 사진을 중심으로 서로 관련 있는 것들끼리 선으로 연결하도록 한다. 안내판 작성이 끝난 후 개념 연결 활동을 다시 진행한다면 활동을 통해 변화된 학생들의 지식을 평가하는 것도 가능하

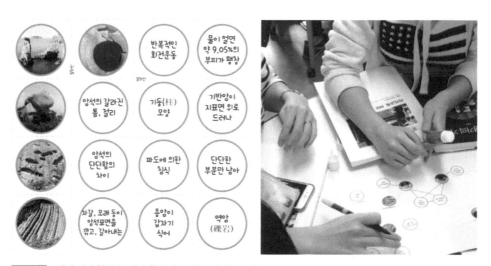

그림 3.4 개념 연결 활동을 위한 활동자료(왼쪽)와 활동모습(오른쪽)

새로운 사회 수업의 발견

인구문제 해결을 위한 포스터 제작하기

지역별/국가별 당면한 인구문제를 편지형식으로 제시하고 이 문제를 해결할 수 있는 대책을 포스터 형식의 그림으로 제안하도록 하는 활동이다. 아래는 고령화가 급속하게 진행되는 지역(위)과 저출산 상황을 당면한 지역에 대한 대책을 표현한 포스터의 예시이다.

▶ 장유정, 박예림 수업 아이디어

04

게임과 시뮬레이션 활용

게임과 시뮬레이션이라고 하면 흔히 컴퓨터를 떠올리지만, 보드게임이나 역할극처럼 컴퓨터 없이도 게임과 시뮬레이션을 활용한 수업 전략은 오랫동안 활용되어 왔다. 게임과 시뮬레이션을 활용한 수업은 정보를 직접적으로 전달하기보다는 "경험을 통해 학습할 수 있는 기회를 제공"한다는 특징이 있다(Walford, 1987, 79). 즉, 학생들에게 지역의 이슈와 문제 상황 속에 놓이게 함으로써 이러한 이슈와 문제들이 어떻게 발생하고 작동하는지를 보여줄 수 있다. 이러한 장점은 실세계의 이슈와 문제점을 다루는 지리 수업에서 아주 유용한 것이다. 게임과 시뮬레이션을 활용한 수업 전략은 크게 시뮬레이션, 역할극, 게임으로 구분할 수 있다.

시뮬레이션은 실제 상황에 대한 모방을 의미하며, 이렇게 모방한 상황 속에 학생들을 둠으로써 자연스럽게 상황을 이해하고 공감할 수 있도록 한다. 학생들이 학습해야 할 내용을 구체적인 상황 속에서 학생들이 해결해야 할 과제(임무)로 제시하는 것 또한 시뮬레이션 전략이라 할 수 있다. 예를 들어, "다른 문화를 존중하는 자세와 태도가 중요함을 인식"하기 위해(교육부, 중학교 사회과 교육과정), 음식문화가 다른 지역에서 전학 온 학생을 가정한 다음 학생들에게 급식 메뉴를 결정하게 하거나, "산지지형과 해안지형에 대한 매력과 호기심을 느끼도록" 하기 위해(교육부, 중학교 사회과 교육과정), 영화 시나리오(예, 공상과학영화, 모험영화, 로맨스 영화 등)에 적합한 장소를 결정해야 하는 영화 장소 섭외 담당자의 역할을 부여할 수도 있다.

역할극(role play)은 지역의 이슈나 문제에 학생들이 당사자로 참여해 집단의 역할을 대변하고 결정할 수 있도록 하는 시뮬레이션 유형의 수업전략이다. 역할극 주제로는 집단 간의 관점이나 이해관계가 얽히고 대립하는 이슈를 선정하는 것이 좋다. 예를 들어, 찬반이나 입지선정의 문제(예, 제주도 제2공항을 건설해야 하는가? 강원도 화천군의 산천어 축제는 계속되어야 하는가?), 혹은 정책결정이나 재정 분배의 문제(예, 탄소 배출을 줄이라는 국제적 요구에 대한 국가의 답변은 무엇인가? 서울시의 쓰레기를 어디에서 처리해야 하는가? 도시 서비스 개선을 위해 가장 우선적으로 개선되어야 할 부분은 무엇인가?)는 좋은 소재가 된다(Roberts, 2013). 일반적으로 현재 진행 중인 논쟁적 이슈나 문제를 활용하는 것이 역할극의 실제성을 높여준다는 의견이 있지만 이미 결정된 이슈를 토대로 역할극을 진행할 경우 학생들의 논의과정 및 결론을 실제 결과와 비교할 수 있는 장점이 있다. 물의전쟁은 이미 결정이 난 상황을 토대로 역할극을 개발한 사례이다.

물의전쟁 활동은 나일강의 댐 건설을 둘러싼 인접 국가 간 갈등의 배경, 원인, 해결책을 역할극을 통해 이해하는 수업이다. 학생들은 모둠을 구성해 댐을 건설하려는 에티오피아뿐 아니라 댐 건설로 인해 영향을 받는 이집트, 수단, 탄자니아의 입장을 대변하게 된다. 국가(에티오피아, 이집트, 수단, 탄자니아)를 담당하지 않는 모둠(3~4모둠)은 각 국가의 주장을 듣고, 각 국가가 만족할 수 있는 조정안을 제안해야 한다. 이들 모둠이 제안하는 조정안에 대해 네 국가에서 찬반 투표를 진행하고, 가장 많은 지지를 얻는 조정안을 제안한 모둠이 우승하게 된다. 이 활동을 통해 물이라는 제한된 자원을 둘러싼 지역 간 갈등뿐 아니라 나일강 유역 국가들의 역사와 당면한 지역문제를 이해할 수 있다. 또한, 학생들은 타인의 입장에서 상황을 관찰하고 이해할 수 있는 공감의 기회, 상황에 맞춰 자신의 주장을 설득력 있게 표현할 수 있는 의사소통능력, 그리고 상충하는 다른 주장을 조정할 수 있는 협상의 경험을 가질 수 있다. 물의전쟁 활동의 대략적인 순서는 다음과 같다.

❶ 나일강이 표시된 아프리카 지도를 활용해 나일강이 지나는 국가들을 확인한다. 아프리카의 연평균 강수량 지도를 통해 나일강의 물이 어디에서 만들어지는지 확인한다(나일강은 적도 부근의 강수량으로 만들어진다).

❷ 사전활동을 통해 나일강 유역의 국가들이 당면한 문제를 이해한다(그림 4.1).

❸ 아래 내용을 토대로 나일강의 물 이용 및 댐 건설과 관련한 배경을 이해한다.

❹ 국가를 담당하는 모둠(1~4모둠)은 역할카드(그림 4.2)를 받아 에티오피아의 댐 건설에 대한 자신들의 입장을 정리하고 발표한다. 실제 대표단처럼 말하고 행동하는 것이 중요하다.

❺ 조정위원회를 담당하는 모둠(5~8모둠)은 대표단의 발표를 듣고 네 국가들의 고른 지지를 얻을 수 있는 조정안을 작성하고 발표한다.

❻ 각국 대표단은 조정위원회의 조정안을 차례로 듣고 자신들이 지지하는 조정안(2팀)을 선정한다. 가장 많은 지지를 얻은 조정안을 제안한 모둠이 승리한다.

❼ 밀레니엄 댐 건설의 결과를 확인한다.[3)]

이집트는 고대부터 나일강 유역을 지배해 왔다. 이러한 이집트의 지배는 영국의 식민통치를 받는 기간에도 계속되었는데 1929년 영국과 이집트는 나일강 물의 이용을 규정하는 협약을 맺게 된다. 이 협약에 따르면 이집트와 수단이 전체 나일강 물의 89%를 이용할 수 있으며, 이 중에서도 80%는 이집트의 몫이었다. 이집트에 유리하게 조약을 체결한 것은 당시 영국이 이집트에서 대규모의 목화 플랜테이션을 운영하고 있었기 때문이다. 목화 플랜테이션 농업은 막대한 농업용수를 필요로 한다. 이 협정에 의하면 나일강의 상류에 위치한 국가들은 나일강 물의 유량을 감소시킬 수 있는 어떤 행위도 할 수 없으며 이집트는 나일강 전체를 감시하고 통제하는 권한까지 갖게 되었다. 당시 우간다·케냐·탄자니아·수단 등은 영국의 식민지였기 때문에 자신들의 정당한 권리를 주장할 수 없었지만, 에티오피아는 당시 독립국이었음에도 불구하고 협약 당사국에서 제외되었다. 그동안 이집트는 이 협약을 근거로 나일강을 실질적으로 독점해 왔지만, 에티오피아를 비롯한 상류지역 국가들은 이 협약이 불공정하다며 지속적으로 수정을 요구해 왔다. 나일강 유역에 위치한 국가들은 공통적으로 급격한 인구 증가, 극심한 빈곤, 물 부족 상황에 직면해 있다. 최근까지는 상류지역 국가들이 나일강을 많이 활용하지 않아 갈등이 적었지만 수력발전이나 관개용수를 확보하기 위해 댐 건설에 나서면서 갈등이 심화하고 있다.

새로운 사회 수업의 발견

국가	나일강 유역		2011년 인구 (천명)	2025년 인구 (천명)	인구 증가율 (%, 2011년)	2010년 1인당 연간 물이용 가능량 (m³)	2025년 1인당 연간 물이용 가능량 (m³)	1인당 국내총 생산 (2016년, US$)	빈곤층 비율* (%, 2012년)
	면적 (km²)	비율 (%)							
수단	1,927,300	63.7	34,206	49,556	1.88	2,259	1,993	2,841	19.8
에티오피아	356,900	11.8	93,815	113,418	3.17	1,749	842	846	38.9
이집트	272,600	9.0	83,688	94,777	1.92	859	630	3,187	1.6
우간다	238,500	7.9	35,873	53,765	3.58	2,833	1,437	642	38.0
탄자니아	120,200	4.0	43,601	60,395	1.96	3,640	1,025	1,032	67.8
케냐	50,900	1.7	43,013	44,897	2.44	985	235	1,607	87.7
콩고민주공화국	21,400	0.7	73,599	114,876	2.57	275,679	139,309	474	71.0
르완다	20,700	0.7	11,689	12,883	2.75	683	306	754	63.1
부룬디	12,900	0.4	10,557	12,390	3.10	566	269	343	81.3
에리트레아	3,500	0.1	6,086	7,063	2.41	1,722	1,353	901	50.0
한국			50,734	≒52,000	0.46		1,258	31,200	

* 하루 1달러 미만으로 생활하는 인구의 비율

① 표에 제시된 국가 중에서 나일강 유역 면적이 가장 넓은 국가는?

② 표에 제시된 국가 중에서 인구증가율이 가장 높은 국가는?

③ 나일강 유역 국가들이 당면한 문제점을 인구증가율, 1인당 국내총생산, 빈곤층 비율의 측면에서 기술해 보자.

④ 2010년과 2025년에 물기근국가에 해당하는 국가는 각각 몇 개인가?

⑤ 아래 그래프는 에티오피아 '인구'와 '1인당 연간 물이용 가능량'의 변화를 나타낸 것이다. 표에서 두 국가를 선정하여 해당 국가의 인구와 1인당 연간 물이용 가능량의 변화를 나타내 보자(콩고민주공화국은 제외).

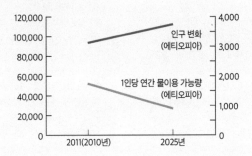

⑤-1 그래프에 나타난 변화 패턴을 기술해 보자. 어떤 공통점이 관찰되는가?

그림 4.1 물의전쟁 사전활동지[4]

이집트

이집트 인구의 대부분은 전체 면적의 4%에 불과한 좁고 긴 나일강을 따라 분포하고 있어. 나머지 국토는 거의 사막이야. 우리는 나일강 물을 관개하여 사막에서 농사를 짓는데 나일강 덕분에 주변 국가 중 이집트의 농업 부분 종사자 비율이 가장 높아. 이집트는 현재 수자원의 97% 이상을 나일강에 의존하고 있어서 나일강은 이집트의 생존과 발전에 절대적인 존재야.

나일강의 유량을 줄일 수 있는 상류지역 국가들의 어떠한 행위도 막아야 해. 우리의 협상 전략은 1929년 영국과 이집트가 체결한 협약이야말로 국제사회가 인정하는 유일한 협약임을 강조하는 것이야. 체결된 지 80년이 넘은 옛날 협약을 이용해 자신들의 권리만 지키려한다는 국제사회의 비판이 부담스럽기는 하지만 군사력을 동원해서라도 나일강에 대한 우리의 권리를 보호하는 것이 급선무야. 그리고 하천 하류의 심각한 유량 감소나 오염을 가져올 수 있는 개발사업을 못 하도록 규정한 '국제하천 이용에 관한 헬싱키 협약(1966년)'도 도움이 될 거야.

에티오피아

에티오피아 정부는 청나일에 그랜드 에티오피아 르네상스 댐(Grand Ethiopian Renaissance Dam)을 건설할 계획이야. 댐이 완공되면 아프리카에서 가장 많은 전력을 생산하는 수력발전소가 되지.

이집트는 80년도 넘은 옛날 협약을 들고 나올 게 뻔해. 하지만 그땐 우리가 독립국이었음에도 불구하고 협약 당사자가 아니었다는 점을 분명히 주장해야 해. 우리의 협상 전략은 이집트와 수단이 대부분 사용하고 있는 나일강 물의 85%가 에티오피아에서 공급된다는 것을 강조하는 것이야. 1992년 '환경과 개발에 관한 유엔 협의'에 따르면, "각국은 자국의 고유한 환경과 개발 정책에 걸맞게 자원을 개발할 수 있는 주권을 갖는다."라고 명시하고 있어. 또한 그랜드 에티오피아 르네상스 댐에서 생산된 전력을 에티오피아뿐 아니라 수단이나 이집트 등 인접 국가에 싸게 팔 수도 있다는 점을 선전해야 해.

수단

1929년 영국과 이집트 간 체결된 협약으로 우리나라 역시 나일강을 이용하고 있지만 이집트가 보장받은 권리에 비하면 아주 초라한 수준이야. 1950년대에 나일강 이용 권리를 확대해 달라고 이집트에 요구한 적이 있는데 그때 이집트는 수단과의 국경에 군대를 전진 배치시키며 군사력으로 위협한 적이 있었지.

우리나라는 이집트와 협약을 통해 나일강에 댐을 몇 개 건설했지만 이것만으로 필요한 수요를 충당하기엔 턱없이 부족한 상황이야. 전력 생산과 농업용수 공급을 위해 더 많은 댐을 건설해야 하는데 추가로 댐을 건설하게 되면 이집트의 심기가 불편해질 것이 분명해. 예전만 못하기는 하지만 여전히 이 주변에서는 이집트의 군사력이 가장 막강해서 맞서기에는 부담스러워.

우리도 새로운 댐을 건설하고 싶기 때문에 에티오피아의 주장을 완전히 무시할 수도 없고, 또 협력관계를 유지해온 이집트의 주장도 고려해야 하고. 우리의 협상 전략은 이집트와 에티오피아의 주장을 잘 들어보고 우리에게 유리한 방향으로 몰고 가는 것이야.

탄자니아

탄자니아는 인구가 급격히 증가하고 있고, 지구온난화의 영향으로 가뭄 발생이 잦고 이 때문에 사막화 문제가 심각해. 우리 탄자니아 사람들은 빅토리아 호수의 풍부한 물을 활용하는 것이 물 부족 문제를 해결할 수 있는 유일한 방법이라고 믿고 있어. 2011년에 정부는 빅토리아 호수의 물을 멀리 떨어진 지역까지 파이프라인으로 연결하여 식수와 농업용수로 사용하려는 계획을 세웠어. 그런데 문제는 빅토리아 호수의 물이 나일강으로 연결되다 보니 우리가 사용하는 양만큼 하류로 흘러드는 물의 양이 감소하게 되거든. 그래서 이집트와 수단은 우리의 계획을 별로 좋아하지 않아.

우리의 협상 전략은 영국과 이집트가 협상할 당시 우리나라는 독립국가가 아니어서 나일강에 대해 전혀 발언권이 없었다는 점을 부각시키는 것이야. 또 우리나라와 인접한 케냐의 한 국회의원이 다음과 같은 주장을 한 적이 있는데 우리가 참고로 할 수 있을 것 같아. "우리는 그동안 아무런 대가 없이 이집트와 수단에 자원(물)을 제공해 왔다. 하지만 이집트와 수단이 케냐에 자원(석유)을 팔고 있지 않은가? 그들이 우리에게 석유를 팔 듯이 우리도 그들에게 물을 팔아야 한다."

그림 4.2 물의전쟁 역할카드

싱할라어+불교	싱할라어+불교	싱할라어+불교	싱할라어+불교	싱할라어+불교	싱할라어+불교
싱할라어+불교	싱할라어+불교	싱할라어+불교	싱할라어+불교	싱할라어+불교	싱할라어+불교
싱할라어+불교	싱할라어+불교	싱할라어+불교	싱할라어+불교	싱할라어+불교	싱할라어+불교
싱할라어+불교	싱할라어+불교	싱할라어+불교	싱할라어+기독교	타밀어+힌두교	타밀어+힌두교
싱할라어+불교	타밀어+힌두교	싱할라어+기독교	타밀어/싱할라어+이슬람교	타밀어/싱할라어+이슬람교	타밀어/싱할라어+이슬람교

그림 4.3 **스리랑카의 민족과 종교 비율을 반영해 편성한 투표용지**
한 학급(30명) 기준으로 작성한 역할이며, 학급의 인원수에 맞춰 조정하면 된다.

스리랑카의 국민투표는 시뮬레이션 투표 활동이다. 학생들은 스리랑카의 당면 이슈에 대한 투표에 참여하는데 학생 개인의 생각이 아닌 스리랑카의 특정 민족과 종교를 대표하는 개인의 입장에 되어 이슈에 대해 논의하고 투표에 참여한다. 이때 실제 스리랑카에서 진행되는 것과 유사한 투표 결과가 나타날 수 있도록 스리랑카를 구성하는 민족과 종교의 비율을 반영한 학급의 투표인단을 설정한다(그림 4.3). 투표 활동에 앞서 학생 개개인들에게 하나씩의 역할을 부여하고, 학생들은 수업이 끝날 때까지 자신의 정체를 다른 학생들에게 비밀로 유지해야 한다. 따라서 학생 자신들이 합리적이라 판단하는 것과는 다른 투표 결과를 받아볼 수 있다. 스리랑카의 민족과 종교의 구성은 스리랑카의 공휴일을 분석하는 방식으로 이해한다(그림 4.4, 그림 4.5). 이 활동을 통해 스리랑카라는 국가에 대한 이해가 가능하며, 공휴일을 통해 민족과 종교 구성의 특징을 파악하는 접근은 다른 국가(예, 말레이시아)에도 적용할 수 있다.

날짜	공휴일	비종교공휴일	종교관련 공휴일			
			불교	힌두교	이슬람교	기독교
1.15	**퐁갈 축제(Pongal festival)** 한 해의 추수를 감사하고 자연에 감사하기 위한 힌두교 축제이다.			○		
1.20	**포야데이(Poya day) 1월** 포야는 싱할라어로 '보름'을 의미한다. 스리랑카에 처음으로 불교가 전해진 날을 기념하는 것으로 매월 보름을 휴일로 정하고 있다. 포야데이에 사람들은 흰옷을 입고 절을 찾아 공양을 드리고 등을 만들어 단다. 이날은 육류와 주류를 판매할 수 없다.		○			
2.4	**독립기념일** 1948년 스리랑카가 영국으로부터의 해방된 것을 기념하는 날이다.	○				
2.19	포야데이 2월					
3.4	**마하 시바라트리(Maha Shivaratri Day)** 'the Great Night of Shiva'라는 뜻으로 힌두교의 시바신의 탄생을 축하하는 날이다.					
3.20	포야데이 3월					
4.13 -14	**싱할라/타밀 민족 새해 연휴** 싱할라족&타밀족의 설날이다. 이날은 수확이 끝났으며, 태양이 스리랑카 위에 가장 가까이에 있는 시기이기도 하다. 가족들이 모여 손님을 맞이하고, 전통음식과 전통놀이를 즐긴다. ※ 태국, 라오스, 캄보디아, 방글라데시, 미얀마의 새해도 4월이다.					
4.19	**성 금요일(Good Friday)** 성 금요일은 예수의 재판과 처형을 기리는 기독교 공휴일이다. 부활절 전 금요일에 해당한다.					
4.19	포야데이 4월					

5.1	**노동절** 노동자의 권익과 복지를 향상하고 안정된 삶을 도모하기 위하여 제정한 날이다.					
5.18-19	**포야데이 5월** '웨삭데이(Wesak day)'라고도 하며, 스리랑카의 가장 큰 명절이다. 부처님의 탄생, 깨달음, 열반을 기념하는 날이며, 우리나라의 '석가탄신일'에 해당한다.					
6.5	**이드-울-피뜨르(Id Ul-Fitr)** 약 한 달간 지속되는 라마단의 마지막 날로 라마단의 마지막을 축하한다.					
6.16	**포야데이 6월**					
7.16	**포야데이 7월**					
8.12	**이드-울-알하(Id Ul-Alha)** 'Haji Festival Day'라는 의미이며, 스리랑카의 무슬림들은 모스크에 가서 설교를 듣거나 일부는 성지순례를 떠나기도 한다.					
8.14	**포야데이 8월**					
9.13	**포야데이 9월**					
10.13	**포야데이 10월**					
0.27	**디파발리(Deepavali)** 스리랑카, 인도 및 힌두교 신자가 많은 지역에서 즐기는 축제이다. 축제기간 동안 집집마다 수많은 작은 등불을 밝히고 힌두교의 신들을 맞이해 감사의 기도를 올린다. 힌두교 최대의 명절로, 일명 빛의 축제라고도 불린다.					
11.10	**미라드운나비(Milad un Nabi)** 선지자 무함마드의 탄생을 기념하는 이슬람 휴일이다.					
11.12	**포야데이 11월**					
12.11	**포야데이 12월**					
12.25	**크리스마스** 예수의 탄생을 기념하는 기독교 공휴일이다.					

그림 4.4 스리랑카 공휴일 사전 활동지

1 스리랑카 사람들은 어떤 종교를 믿고 있을까? 아래 빈칸을 채워보자.

종교	불교	힌두교	이슬람교	기독교/천주교
공휴일 수				

2 다음 그래프는 스리랑카 국민들의 종교 구성을 나타낸 것이다. 아래의 그래프에 각 종교의 이름을 적어보자.

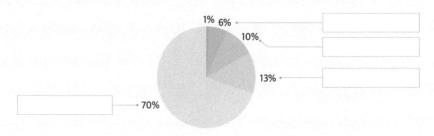

3 스리랑카는 여러 민족으로 구성된 다민족국가이며, 싱할라족(75%), 타밀족(15%), 무어족(9%) 등으로 구성되어 있다. 각 민족들은 그들만의 종교를 신봉하는 경향이 있다. 싱할라족, 타밀족, 무어족이 신봉하는 종교는 과연 무엇일까?[5]

4 수업 시작 전 각자 1장의 투표권을 받았을 것이다. 투표권은 나의 소속과 정체성을 보여준다. 모든 안건에 대해 조별로 의논한 다음 학급 전체가 참여하는 찬반투표를 진행한다.

· 싱할라어 외에 스리랑카 인구의 15%가 사용하는 타밀어를 싱할라어와 함께 공용어로 인정하자.

· 도로 표지판을 싱할라어, 타밀어, 영어의 세 가지 언어로 표기하자.

· 2019년 부활절날 이슬람 극단주의자들의 테러로 인해 성당에서 예배를 보던 많은 사람이 죽거나 다쳤다. 테러를 방지하기 위해 공공장소에서는 얼굴을 가릴 수 있는 부르카나 니캅의 사용을 금지하자.

· 스리랑카는 동남아시아의 다른 국가들에 비해 공휴일이 25일로 월등히 많다. 종교적 목적으로 공휴일을 사용하는 사람들은 적기 때문에 공휴일을 줄여야 한다.

· 스리랑카의 불교 승려는 국회의원으로 출마가 가능하다. 국회의원이 된 승려들은 이슬람 세력을 공격하는 등 종종 소수 종교를 탄압하는 정책을 펼친다. 불교 승려들의 정치를 금지해야 한다.

· 스리랑카 북부의 타밀족 밀집지역은 지방정부보다 많은 권력을 가질 수 있도록 연방제를 요구하고 있다. 이들의 주장에 대해 어떻게 생각하는가?

그림 4.5 스리랑카 공휴일 활동지

게임은 경쟁 요소를 포함하는 수업전략이다. 경쟁을 위해서는 규칙이 필요하며 학생들은 개인별 혹은 모둠별로 규칙에 따라 전략을 세우고 경쟁을 통해 누가 승자이고 패자인지를 가리게 된다. 시뮬레이션 게임은 시뮬레이션과 게임 요소를 통합한 수업전략이다. 지속가능발전 젠가 게임과 같이 간단한 시뮬레이션 게임부터 배추게임 같은 복잡한 시뮬레이션 게임까지 가능하다.

지속가능발전 젠가 게임

지속가능발전 젠가 게임은 시뮬레이션 게임 수업의 사례이다. 젠가 블록을 연두, 파랑, 보라의 세 가지 색으로 준비한다. 지속가능발전을 위해 긍정적인 문장을 적어 연두 블록에, 지속가능발전에 대한 질문을 적어 파랑 블록에, 지속가능발전에 대한 부정 혹은 긍정의 문장을 무작위로 적어 보라 블록에 붙인다. 4~5명으로 구성된 모둠은 돌아가면서 젠가의 블록을 무너뜨리지 않고 하나씩 제거해야 하고, 마지막까지 가장 많은 블록을 제거한 학생이 우승하게 된다. 파란색 블록을 선택했다면 질문을 읽고 정답을 제시해야 한다. 이 수업전략은 시간이 지날수록 위험해진다는 젠가 게임의 속성을 '지속가능성'이라는 내용과 연결한 사례이다. 학생들은 게임을 통해 지속가능성에 대한 기본적인 개념을 이해할 뿐 아니라 상황의 시급함을 경험할 수 있다.

▶ 신유진, 임지원, 배소현 아이디어

배추게임은 문제 상황이 시뮬레이션을 통해 소개되고, 게임을 통해 문제를 해결하는 방식이다. 학생들은 합리적이라고 판단하는 대로 행동할 자유가 있으며 경쟁할 수도 혹은 협력할 수도 있다. 배추게임에서 학생들은 농부의 입장이 되어 기후 및 수요/공급 상황을 고려하여 재배할 작물을 선택해야 한다. 게임에 참여한 학생들은 모두 동일한 크기의 농지를 부여받고, 배추, 무, 고구마 중에서 재배할 작물을 선정하게 된다. 작물 재배를 통한 수익은 재배하는 작물의 종류, 기후 조건, 다른 학생들이 선택한 작물의 종류에 따라 달라진다. 5년 동안 게임을 진행하고 최대의 수익을 올리는 학생이 게임의 우승자가 된다. 단, 연평균 1,000만원 이상의 수익을 올리지 못할 경우 농부의 가족은 곤경에 처하게 된다. 이 활동을 통해 학생들은 작물(예, 배추)을 재배할 때 어떤 요소들을 고려해야 하는지를 이해할 수 있을 뿐 아니라 배추를 재배하는 농부로서의 삶이 얼마나 힘든지 공감할 수 있게 된다. 따라서 게임을 마친 다음 '농부로 살아보니 기분이 어땠어?'라고 물어보는 것이 중요하다. 학생들은 전북 고창에서 배추를 재배하는 농부의 역할을 수행한다. 수업에 앞서 아래 내용을 학생들이 수행해야 할 역할과 임무를 소개할 수 있다.

새로운 사회 수업의 발견

난 전북 고창군의 농부야. 우리 고장에서는 배추, 무, 양파, 고추, 땅콩, 고구마 등 많은 농작물이 잘 자라는데 난 주로 배추를 재배하고 있단다. 참 고창은 수박으로 유명하기도 해. 사람들은 가끔 정 많고 풍요로운 농촌에 사는 내가 부럽다고 말해. 이런 말을 들을 때면 내려와서 한 달만 살아보라고 얘기하고 싶어.

배추는 해마다 가격변동이 커서 위험 부담이 큰 작물이야. 다른 작물과 마찬가지로 배추도 기후의 영향을 많이 받지. 그러다 보니 생산량의 변화가 크고 자연스럽게 가격 변동도 큰 편이야. 무슨 말인지 알지? 배추 말고 다른 작물을 재배하면 되지 않냐고? 우리 고장에서는 배추 대신 무나 양파, 수박을 재배할 수 있지만 배추만큼 수익이 많진 않아. 배추보다 기후의 영향을 덜 받는 고구마를 재배할 수도 있지만 재배기간이 길어 고구마는 일 년에 한 번만 재배할 수 있어.

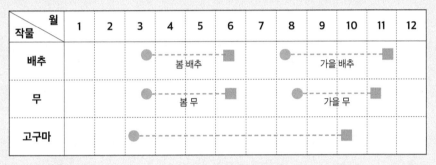

작물＼월	1	2	3	4	5	6	7	8	9	10	11	12
배추			●	봄 배추		■		●	가을 배추		■	
무			●	봄 무		■		●	가을 무		■	
고구마			●	고구마						■		

● 파종   ■ 수확

그런데 재미있는 사실은 배추 농사가 잘되어도 돈을 많이 버는 것은 아니야. 배춧값이 올랐다 싶으면 너도나도 배추를 재배하는 바람에 다음 해엔 배춧값이 뚝 떨어지곤 하지. 농사는 1년을 미리 계획하는 일인데 매년 공급량을 예측하는 게 가장 힘들어. 마지막으로 한 가지 말해두고 싶은 게 있어. 작년에 배춧값이 천정부지로 치솟은 적이 있어. 평년에 비해 5배가 올랐다고 하던데 그렇다고 나 같은 생산자가 그만큼 이익을 본 것도 아니야. 그 돈들은 전부 어디로 갔을까?

우리 가족을 부양하기 위해서는 일 년에 최소 1,000만원의 수익이 필요해. 여러분들이 나를 대신해 연평균 1,000만원의 수익을 올려주길 바라!

배추게임

- 모든 학생은 동일한 크기의 밭을 소유하고 있으며, 이 밭에 학생들은 배추, 무, 고구마 중에서 하나의 작물을 선택해서 재배할 수 있다. 배추와 무는 1년에 2회, 고구마는 1년에 1회만 재배 가능하다.
- 5년 동안 작물을 재배해 가장 많은 수익을 남기는 학생이 우승자가 된다. 단 5년 동안 5,000만원 이상의 수익을 올리지 못한다면 실패!
- 학생들이 1년 단위로 재배할 작물을 결정하면 교사는 주사위를 던져 기후를 결정한다[좋은 기후(1~4), 나쁜 기후(5, 6)]. 기후 조건에 따라 작물별 수익이 달라진다. 단 고구마는 가을 기후에만 영향을 받는다.
- 학생들의 3/4 이상이 배추를 재배할 경우 공급 과잉으로 배추 가격은 폭락한다(수익 0원). 반대로 1/3 이하의 학생들이 배추를 재배할 경우 공급 부족으로 배추 가격은 폭등한다 (수익 1,200만원). 단 날씨가 좋은 조건(주사위 1~4)에서만 공급 과잉 및 공급 부족 상황이 발생한다. 게임 시작 전 학생의 수에 따라 공급 부족과 공급 과잉에 해당하는 숫자를 미리 정해둔다. 예를 들어, 학생 수가 24명이면 8명 이하(1/3)의 경우 공급 부족, 18명 (3/4) 이상의 경우 공급 과잉에 해당한다.

| 작물별 예상 수익 |

기후 조건 작물	좋을 때 (주사위 1~4)			나쁠 때 (주사위 5,6)
	기본 조건	공급 부족 (1/3이하 선택)	공급 과잉 (3/4이상 선택)	
배추	600만원	1,200만원	0원	200만원
무	400만원			300만원
고구마	800만원			700만원

| 작물의 선정과 기후 조건에 따른 수익(예시) |

시기		재배 작물	기후 조건	공급 상황	수익
2014년	봄	배추	3(좋음)	기본	600만원
	가을	무	6(나쁨)		300만원
2015년	봄	배추	1(좋음)	공급 과잉	0원
	가을	배추	2(좋음)	공급 부족	1,200만원
2016년	봄	고구마			
	가을	고구마	5(나쁨)		700만원

| 재배할 작물을 선정해 보자! |

시기		재배 작물	기후 조건	공급 상황	수익
2024년	봄				
	가을				
2025년	봄				
	가을				
2026년	봄				
	가을				
2027년	봄				
	가을				
2028년	봄				
	가을				

배추게임을 통해 파악한 배추재배의 문제점을 함께 이야기하고, 이 문제를 해결할 수 있는 방법을 제안하도록 한다. 가령, 모둠별로 배추의 공급과 가격을 안정화할 수 있는 대책을 제안하게 할 수 있다. 단, 아래에 제시된 네 가지 문제 중 최소 두 가지 이상 해결할 수 있도록 알려준다.

생산량을 예측하기가 어려워

전국적으로 재배되는 배추의 생산량을 예측할 수 없으니 재배 작물의 선정이 주먹구구식으로 이루어져. 농부들을 전부 단톡방으로 초대할 수도 없고 말야.

기후 조건에 민감한 배추

배추는 노지 재배가 많고, 뿌리가 얕아 기후 영향을 많이 받는 작물이야. 기후 조건에 따라 작황이 결정되는 경우가 많다 보니 가격 변동이 심해.

수요와 공급의 비탄력성

배추가 비싸다고 김치를 아예 안 먹을 수도 없고(→ 수요가 비탄력적이야), 대체할 수 있는 상품도 한정적이야(→ 공급이 비탄력적이야). 생산량이 부족해 새로 심으려 해도 그땐 너무 늦어.

중간 도매상들의 폭리

배추 가격이 폭등을 하면 중간도매상들만 이익을 보는 것 같아. 농민들은 포기당 1,500원을 받고 파는데 산지 수집인과 도매상, 소매상을 거치면 마트에서는 6,000원에 팔려.

학생들은 종종 깊이 생각하지 않고 '정부의 지원', '중간도매상을 없애기', '직거래 활성화', '인터넷 활용' 등을 대책으로 제시하는 경향이 있다. 이때 '정부가 농부들이 재배한 모든 배추를 전부 구매해 주어야 할까?', '직거래가 좋다면 그동안 잘 진행되지 않은 이유는 무엇일까?', '너희 집에서는 배추를 인터넷으로 구매하니?'와 같은 질문을 통해 자신들의 답변에 대해 비판적으로 생각해 볼 기회를 주도록 한다.

시뮬레이션과 게임, 혹은 시뮬레이션 게임 전략을 수업에 활용해야 하는 이유는 많다. 첫째, 시뮬레이션과 게임은 이슈에 대한 깊이 있는 이해를 가능하게 해준다 (Roberts, 2013). 시뮬레이션과 게임은 정보를 전달하는 방식이 아니라 정보를 바탕으로 설명하고, 주장하고, 토론하고, 질문하고, 협상하고, 의사결정 하는 등 이슈나 상황을 입체적으로 경험할 수 있는 경험을 제공해 주기 때문에 내용에 대한 깊이 있는 이해가 가능하다. 둘째, 게임과 시뮬레이션은 학생들의 적극적인 상호작용을 유발한다. 특히, 역할극에서는 상대편을 설득할 수 있어야 하기 때문에 자신들의 의견을 논리적으로 다듬고 적극적으로 표현할 수 있어야 한다. 그뿐만 아니라 협상 과정에 참여하게 된다면 학생들은 자신의 의견을 수정하고, 타인의 의견을 받아들이는 연습도 할 수 있다. 일부 학생들은 역할극에서와 같이 자신이 아닌 타인의 입장이 되었을 때 오히려 자신을 더욱 적극적으로 표현하는 것으로 나타났다. 셋째, 시뮬레이션이나 역할극을 통해 자신이 아닌 다른 집단이나 타인을 대변하면서 자연스럽게 공감(empathy)과 도덕적 추론(moral reasoning)을 경험하게 된다. 가령, 배추게임에 참여한 학생들은 예측할 수 없는 기후 조건과 공급과 수요의 상황을 고려하며 배추를 재배하는 것이 얼마나 힘든 일인지 공감할 수 있게 된다. 넷째, 게임과 시뮬레이션은 실세계의 이슈를 최대한 현실적으로 다루고자 하기 때문에 자연스럽게 다양한 학문적 내용, 접근, 이슈와 통합하는 것이 가능해 진다. 마지막으로 어쩌면 가장 중요한 이유는 대부분의 학생이 게임과 시뮬레이션을 활용한 수업을 즐긴다는 것이다. 종종 게임에 과도하게 몰입하는 문제가 나타나기도 하지만 게임만큼 학생들을 쉽게 몰입시킬 수 있는 수업전략도 드물다.

05

추측하기

추측하기는 어떤 상황이나 자료에 대해 근거를 갖고 예상해 보는 활동이다. 추측을 통해 하나의 고정된 정답을 찾는 것은 아니지만 어느 정도 예상할 수 있는 정답이 있다는 측면에서 막연한 추측이나 상상력을 자극하는 활동과는 차이가 있다. 제시된 작은 부분의 증거들을 토대로 논리적인 추리를 시도해 보는 것이 추측하기 활동의 목표이다. 예를 들어, 통계자료를 통해 특정 국가의 기대수명이나 1인당 국민총소득을 예측해 보거나 사진 속 장면을 통해 어디인지 파악하거나 독특하게 생긴 지형을 보고 어떻게 형성된 것인지 추측해 볼 수 있다. 강원도에 이마트(emart)가 어느 도시에 있는지 예상해 보는 것이 추측하기 활동의 좋은 예시가 된다 강원도에 이마트는 어느 도시에 있을까? **참조**. 이때 이마트의 입지와 개수가 반드시 인구의 규모와 일치하지는 않는다. 이 부분을 학생들과 함께 고민해 보는 것도 지식을 유연하게 하는 방법이 된다.

추측하기 활동은 『탐구를 통한 지리학습』(마거릿 로버츠 저, 이종원 역, 2016)의 '영리한 추측(intelligent guesswork)' 아이디어를 활용한 것이다. 그녀에 따르면 추측하기 활동은 학생들의 선지식이나 오개념을 파악하는 데 활용할 수 있으며, 동시에 질문을 만들어내기도 한다. 예를 들어, 국가별 100명당 무선전화 가입자 수를 추측해 볼 수 있다 100명당 무선전화 가입자 수 **참조**. 학생들은 대체로 선진국으로 분류되는 국가들은 100 이상의 숫자를 적고, 반면 개발도상국으로 분류되는 국가들은 50 이하의 숫자를 기입한다. 하지만 실제 인구 100명당 무선전화 가입자 수는 한국(123명), 스페인(116명), 프랑스(108명), 케냐(96명), 인도(87명), 르완다(79명), 아프가니스탄(59명) 순이다(2018년 기준). 교통과 통신기술의 발달은 지역을 변화시킨다. 하지만 교통과 통신기술의 발달이 모든 지역에 동일한 방식으로 영향을 미치는 것은 아니다. 통신수단의 발달은 일반적으로 유선전화에서 무선전화의 순서로 발달해 왔다. 하지만 아프리카 대륙의 경우 설치에 큰 비용이 발생하는(유선전화의 신호는 전선을 통해 전달되기 때문에 전화를 설치하기 위해서는 필요한 건물마다 전화케이블 및 전력선이 연결되어야 한다) 유선전화의 단계를 건너뛰고 기지국만 있으면 사용 가능한 무선전화의 단계(무선전화의 신호는 전선을 통하지 않고 전파를 통해 신호를 주고받는다)로 바로 진입한 특징이 있다. 무선전화는 아프리카 대륙에 급속하게 보급되었으며 생활을 급격하게 변화시키고 있다. 전력공급이 원활하지 않다 보니 전력 소모가 많은 스마트폰보다는 피처폰이 여전히 활발하게 사용되고 있다(일부 피처폰의 경우 한 번 충전으로 일주일을 버틸 수 있다). 아프리카에서도 고학력

100명당 무선전화 가입자 수

활동지를 활용해 국가별 무선전화 보급률을 추측하라. 100명당 무선전화 대수가 많은 순서대로 나열해 보라. 순위가 가장 높은 국가는 어디라고 생각하는가? 가장 낮은 국가는 어디라고 생각하는가? 왜 그렇게 생각하는가?

국가	인구 100명당 무선전화 가입자 수	순위
한국	123	
프랑스		
르완다		
케냐		
스페인		
인도		
아프가니스탄		

자료: data.worldbank.org/indicator/IT.CEL.SETS.P2

일수록 젊은 층일수록 스마트폰을 사용하는 비율이 높다. 또한, 무선전화기의 라디오와 손전등 기능이 아주 중요하다. 남부 아프리카(sub-Sahara Africa) 단원을 시작하거나 학생들의 아프리카에 대한 고정관념을 확인하고자 할 때 좋은 수업 자료가 된다.

교통의 발달(연결)에 따른 지역의 변화는 지리학 연구의 중요한 주제 중 하나이다. 특히, KTX와 같은 중요한 교통수단이 지역을 연결하게 된다면 연결되는 두 지역에는 필연적으로 변화가 나타나게 된다. KTX와 지역의 변화 활동은 2028년 개통될 예정인 남부내륙고속철도가 개통될 경우 이 지역(진주, 거제, 통영)에서 나타나게 될 변화를 추측하는 활동이다. 남부내륙고속철도의 건설이 이 지역에 어떤 영향을 가져올 것인지 정확하게 예측하는 것은 쉽지 않으며 가능하지도 않다. 다만, 예측하는 것은 중요한 작업이며, 단지 교통의 발달은 "지역 간 상호작용을 증가시킬 것이다" 수준의 이상이어야 한다. 또한, 교통의 발달이 모든 지역에 균등한 영향을 미치는 것이 아니며, 교통의 발달에 따라 혜택을 보는 지역과 그렇지 못한 지역이 생겨날 수 있음을 파악할 수 있어야 한다. 다만 학생들이 하는 예측이 최대한 현실에 근거를 두고 있으며, 논리적인 합리성을 갖추는 것이 중요하다. 추측을 체계화하기 위해 추측의 범주를 쇼핑, 의료, 관광, 인구이동 증감의 측면으로 한정하도록 한다. 학생들의 추측을 돕기 위해 호남선

KTX의 개통과 지역의 변화

김천과 거제를 잇는 남부내륙고속철도(KTX)가 2022년부터 공사를 시작하여 2028년부터 운행될 예정이다. 남부내륙고속철도가 건설되면 서울-진주는 3시간 30분에서 2시간으로, 서울-거제는 4시간 30분에서 2시간 30분으로 이동시간이 단축될 예정이다. 과연 진주와 거제, 혹은 통영에는 어떤 변화가 나타나게 될까? 지역의 쇼핑, 의료, 관광, 인구이동의 측면에서 변화를 예상해 보자.

질문	예측
교통 KTX는 기존 서울-진주 혹은 서울-통영/거제 간 여객 운송을 얼마나 대체하게 될까? 어떤 사람들이 주로 KTX를 이용하게 될까? 고속버스 회사들은 전부 없어지게 될까?	KTX가 빠르기는 하지만 고속버스에 비해 2배가량 비싸기 때문에 …
관광 KTX의 개통으로 관광산업이 발달할 것으로 예상되는 곳은 어디인가? 왜 그렇게 생각하는가?	
쇼핑/의료 KTX의 개통으로 쇼핑과 의료 서비스를 위해 수도권을 방문하는 사람들이 증가할 것이라 예상하는 사람들이 있다. 당신의 생각은 어떠한가?	
이익 vs. 문제점 & 대책 KTX의 개통으로 인한 이 지역의 기회와 문제점은 무엇인가? 여러분이 진주시(혹은 통영)의 시장이라면 KTX의 개통에 대비하여 어떤 준비를 하겠는가?	

KTX 사례를 제시할 수 있다. 심층적인 학습을 원한다면 서부 경남의 중심지 역할을 하는 진주와 관광지로 유명한 통영을 비교할 수 있다. 호남선 KTX의 개통은 중심지의 위계, 지역 특성, 서울과의 관계에 따라 광주, 익산, 여수에 각기 다른 영향을 주고받은 것으로 나타났다.

2015년 서울과 광주를 잇는 호남선 KTX가 개통된 이후 고속버스로 2시간 39분이 걸리던 이동시간이 1시간 33분으로 크게 단축되었다. 또한 3시간 30분이 걸리던 용산-여수 구간은 2시간 50분으로 단축되었다. KTX 호남선이 개통된 이후 5년이 지난 지금 전남(광주, 여수)에서 관찰된 변화는 KTX의 개통과 지역의 변화 활동을 해결하는

교통	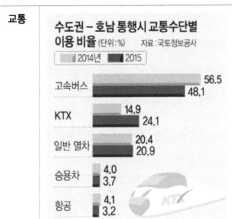 KTX 호남선 개통 이후 수도권-호남 간 승용차 이용에는 변화가 없었다. 고속버스는 56.4%에서 48%로, 항공은 4.1%에서 3.2%로 줄어든 반면 KTX는 14.9%에서 24.1%로 늘었다. 대한항공은 2015년 연간 40억 원의 적자가 발생하는 광주-김포 노선을 폐지했다. 수도권에서 호남지역을 찾은 인구 이동률이 KTX 개통 1년 후 60% 증가했다. KTX 이용객이 가장 많이 증가한 도시는 광주(74.4%)였고, 그다음으로 여수, 순천(55.2%), 목포(27.6%) 순이었다. 이들 가운데 광주와 목포는 업무나 출장을 목적으로, 순천과 여수는 관광이나 여가를 목적으로 방문하는 것으로 나타났다.
관광	여수에서 사용된 신용카드의 매출을 분석한 결과 KTX 개통 이후 수도권 인구의 결제 금액 비율이 10.1%에서 13%로 늘었다. 증가한 금액의 대부분은 요식업에서 나타났다.
쇼핑 의료	광주○○백화점의 박 모 부장은 "우리 백화점의 신용카드 고객 매출을 분석해 보니 2013년 700억, 14년 800억, 15년 914억원이 서울 본점이나 강남점, 센텀점 등에서 사용된 것으로 나왔고, 타사백화점까지 합하면 한해 1,400억원이 넘을 것"이라며 "KTX 터미널에 면세점이나 특급호텔, 백화점 같은 시설이 들어서야 이러한 쇼핑객의 이탈을 방지할 수 있을 것이다"라고 말했다. △△일보에 따르면, 광주시가 KTX 이용객 1,000명을 대상으로 조사한 결과에 따르면 '쇼핑을 위해 수도권을 방문했다'는 응답자가 20.7%로 나타나 지역경제에 부정적 요소가 될 수 있다는 분석이다. KTX 호남선 개통 이후 지역 환자의 유출 현황 파악을 위해 지역 20~30대 235명을 대상으로 설문조사한 결과 성형외과(27.1%), 암 진료(26.5%)를 위해 수도권 병원 방문을 원한다는 답변이 가장 많았다.

그림 5.1 호남선 KTX 개통 이후 교통, 관광, 쇼핑/의료 부분의 변화

데 도움을 줄 수 있다(그림 5.1).

우리나라는 어디에서 탄소를 배출하고 있을까? 활동은 자료의 분석과 추측 활동을 혼합한 형태이다. 최근 우리나라는 2050년 탄소중립 달성을 국정의 중요 목표로 설정한 바 있다. 탄소중립이란 개인이나 기업이 배출하는 이산화탄소의 배출량만큼 이산화탄소의 흡수량도 늘려 실질적인 이산화탄소의 배출량을 '0(zero)'으로 만든다는 개념이다. 즉, 화석연료 대신 태양열, 풍력 등의 신재생에너지 사용을 늘려 배출되는 이산화탄소의 양을 줄이거나 배출된 이산화탄소를 흡수할 수 있는 숲을 늘이는 방식으로 탄소중립을 달성할 수 있다. 탄소중립 대신 '탄소제로'라는 용어를 사용하기도 한다. 2050년까지 탄소중립을 달성하려면 현재 우리나라의 어디에서 탄소를 가장 많이 배출하고 있는지 아는 것은 필수적이다. 국내 탄소배출과 관련한 두 가지 자료(① 우리나라 전력 생산에 사용되는 에너지원의 종류와 사용량 변화, ② 탄소 배출량이 많은 국내 기업 순위)를 분석한 다음 국가에서 설정한 목표를 토대로 변화와 문제점을 추측하는 활동이다. 우리나라 전력 생산에 사용되는 에너지원의 종류와 사용량의 변화를 보여주는 그래프를 분석하고 OX 문항에 답해 볼 수 있다. 탄소 배출량이 많은 국내 기업의 순위를 살펴보고 이들 기업의 공통점을 파악하도록 한다.

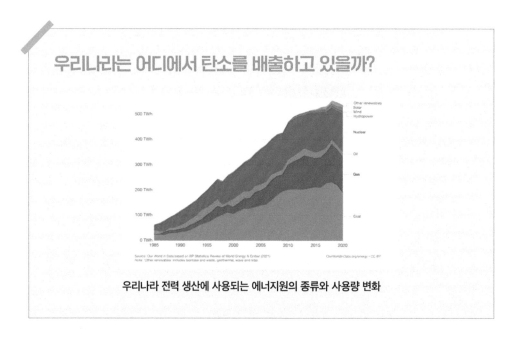

우리나라 전력 생산에 사용되는 에너지원의 종류와 사용량 변화

[O X] 국내 전력생산량은 지속적으로 증가하고 있다.

[O X] 화석연료(석탄, 천연가스, 석유)를 사용하는 화력발전과 우라늄을 원료를 하는 원자력발전이 전체 에너지원의 90% 이상을 차지한다.

[O X] 화력발전의 연료로 가장 큰 비중을 차지하는 에너지원은 석탄이다.

[O X] 화력발전의 원료로서 천연가스는 석탄에 비해 가격은 비싸지만 이산화탄소 배출량은 상대적으로 적다.

[O X] 재생에너지의 발전 비중은 점차 확대되고 있다.

[O X] 석탄화력 발전은 탄소배출뿐 아니라 스모그, 산성비의 원인이 된다.

국내 탄소배출량 많은 국내 기업 순위(온실가스종합정보센터)[6]

회사명	업종	탄소배출량(tCO₂eq)	에너지 사용량(TJ)
포스코	철강	73,056,069	417,949
현대제철	철강	19,573,202	314,234
쌍용양회	시멘트	12,015,798	61,568
LG화학	석유화학	7,200,851	140,681
동양시멘트	시멘트	6,826,287	37,423
삼성전자	반도체	6,667,896	111,166
성신양회	시멘트	6,076,309	30,655
LG디스플레이	디스플레이	5,765,149	60,146
GS칼텍스	정유	5,647,817	105,284
롯데케미칼	석유화학	5,598,207	108,008

자료를 분석한 다음 추측하기 활동을 진행할 수 있다. 다음의 〈표 5.1〉은 환경부에서 제작한 '2050 탄소중립 부분별 과제 및 미래상'의 일부분이다(www.gihoo.or.kr/netzero/intro/intro0202.do). 학생들은 에너지와 산업 분야의 현재 문제점과 정부에서 제안한 해결과제를 토대로 이렇게 진행되었을 때 예상되는 문제점을 예측해 본다. 자료는 에너지 분야 및 산업분야의 탄소 배출에 대한 기본적인 정보를 파악하는 데 도움이 되었을 뿐 실제 전력생산 및 산업분야에서 진행되고 있는 탄소배출 감소를 위한 노

력을 파악하기는 쉽지 않다. 따라서 '탄소중립 산업', '탄소중립 기술', '탄소중립 기업', '탄소중립 실천' 등의 인터넷 검색활동을 통해 탄소배출 감소를 위한 노력과 이를 통한 문제점을 이해하도록 한다. 특정 기업을 토대로 '사례 조사하기' 활동을 진행하는 것도 가능하다.

표 5.1 2050 탄소중립을 위한 과제와 문제점

구분	현재의 문제점	해결 과제	예상되는 문제점
에너지 분야	**화석연료 의존적** 2019년 기준 석탄 및 LNG 비중이 66% 반면 재생에너지 비중은 4.8%에 불과	**탄소중립** 석탄 화력 발전소 축소 태양광, 풍력 등 재생에너지를 중심으로 전력 공급체계 전환 수소에너지 상용화	예) 석탄 화력발전소를 축소하게 된다면…
산업 분야	**탄소를 많이 배출하는 산업구조**	**탄소배출 제로** 이산화탄소 포집 기술을 통해 새어나가는 온실가스 감축 미래 신기술(예, 석탄을 사용하지 않는 제철산업 등) 적용	예) 미래 신기술을 적용하는 데 추가적인 비용이…

애물단지? 보물단지!는 소그룹별로 도시재생과 관련한 딜레마적인 상황(그림 5.2)에 대해 해결책을 제시하는 활동이다. 상황은 각각 아파트 개발로 사라질 위기에 처한 두꺼비 산란지(청주의 원흥이 방죽), 서울의 버려진 철길, 문래동의 철공소와 예술창작촌의 상황을 묘사하고 있다. 학생들이 제안하는 해결책이 실제로도 의미가 있을 수 있도록 해결책이 준수해야 할 세 가지 기준을 아래와 같이 제시한다. '여러분들이 제시하는 대책은 (1) 주민참여(예, 지역 주민이 개발에 참여하나요? 개발의 혜택이 주민들에게 돌아가나요?), (2) 개발의 지속성(예, 효과는 지속 가능한가요? 혹시 반짝 효과는 아닌가요?), (3) 환경보존(환경을 보존하는 방법인가요?)의 측면에서 평가됩니다.' 학생들의 문제해결을 돕기 위해 소그룹 활동 중간에 학생들에게 문제해결의 힌트를 제공할 수 있는 정보를 제공해 주는 것이 좋다. 가령, 런던의 버려진 화력발전소의 외형을 그대로 두고 내부를 갤러리로 바꾼 테이트 모던(Tate Modern)을 제시할 수 있다(그림 5.4). 학생들은

소그룹별로 자신들이 부여받은 문제에 따라 해결책을 제시하고 결과를 발표한다. 학생들이 받은 문제들은 실제 문제들이며, 학생들의 발표가 끝난 다음 실제로는 어떻게 바뀌었는지를 알려주고(그림 5.3) 학생들의 발표내용(해결책)과 비교하도록 한다.

두꺼비를 살려주세요!

우리 동네에 '원흥이 방죽*'이라 불리는 운동장 크기의 작은 연못이 있습니다. 평소에 주목받지 못하던 연못이었지만 어느 날 수만 마리의 두꺼비 새끼들이 떼 지어 이동하는 모습이 관찰되면서 상황이 달라졌습니다. 주변 구룡산에 서식하던 두꺼비들이 원흥이 방죽으로 내려와 산란하였고 알에서 부화한 새끼들 수만 마리가 구룡산으로 이동하는 모습이 관찰된 것입니다. 저와 친구들은 물론 전국에서 수천명이 이 신기한 광경을 보러 우리 동네를 방문했답니다. 그런데 원흥이 방죽을 포함하여 두꺼비들이 지나다니는 통로에 오래전부터 아파트 단지가 들어서기로 예정되어 있습니다. 아파트 단지가 들어서면 원흥이 방죽은 사라지게 되고 우리는 더 이상 두꺼비들을 볼 수가 없습니다. 두꺼비들이 우리보다 훨씬 이 동네에서 오래 살았을 텐데 두꺼비들이 우리를 원망할 것 같습니다. 친구들과 함께 원흥이 방죽을 보존해달라는 서명운동을 시작했습니다. 많은 분이 서명운동에 동참해 주고 계시기는 하지만 몇몇 주민들은 우리 때문에 오랫동안 기다려온 개발이 지체된다며 못마땅해하십니다. 동네도 발전하고 두꺼비도 행복할 수 있는 방법을 알려주세요.

• 방죽은 시골에서 저수지를 부르는 말입니다.

버려진 철길을 어떻게 할까요?

제가 살고 있는 동네에는 오래된 철길이 있습니다. 사실 이미 철로를 걷어냈기 때문에 처음 보는 사람들은 그냥 버려진 공터로 알고 있습니다. 철길 주변으로 풀들이 자라고 가끔 꽃들이 피기도 합니다. 사실 이 철도는 서울과 신의주를 잇기 위해 1906년에 처음 개통되었으며, 2005년 지하로 새로운 철로가 생겨나는 바람에 버려진 것이라 합니다. 그런데 요즘 이곳은 천덕꾸러기가 되어가는 느낌입니다. 관리가 제대로 되지 않자 쓰레기를 버리기도 하고 불법으로 주차를 하는 사람들도 많아졌습니다. 언제부터인가 부모님들은 이곳 근처가 위험하다며 놀러 가지 말라고 말씀하십니다. 어른들은 출퇴근 시간에 주변 도로가 많이 막히니 이곳을 도로로 만들고 싶어 합니다. 원래 철길이었기 때문에 아스팔트로 포장만 하면 금방 넓은 도로가 될 것 같습니다. 하지만 막상 철길이 없어진다고 생각하니 너무 섭섭합니다. 저도 어렸을 때 여기서 기차를 탔었고, 기차가 다니지 않은 후로는 선로 위를 걸으며 놀았던 기억이 있습니다. 몇몇 동네 어른들은 철길을 보존하면서도 동네가 발전할 수 있는 방법이 있을 거라 말합니다. 그 방법이 무엇인지 여러분들이 알려주세요.

철공소와 예술가가 만난 곳

우리 동네 문래동은 예전부터 철공소와 철재상가로 유명한 곳입니다. 높은 아파트로 둘러싸인 주변 지역과 달리 이곳은 낮은 철공소 건물들이 대부분입니다. 1층은 아직 철공소로 운영되는 곳이 많지만 1990년대 철공소들이 중국이나 인근의 시화공단으로 떠난 이후 빈 건물들이 많이 생겼습니다. 그런데 이 지역에 2007년부터 재미있는 변화가 나타나기 시작했습니다. 건물 곳곳에 신기한 벽화가 하나둘씩 생기더니 폐품으로 만든 로봇, 옥상 정원, 게다가 음악 소리까지 들리는 겁니다. 바로 예술가들이 문래동으로 몰려들기 시작한 것이죠. 처음에는 임대료가 싸고, 전철역이 가까

워 교통이 편리하고, 또 철공소가 밀집한 지역이라 창작활동에서 발생하는 소음에 신경 쓰지 않아도 되는 점들이 맘에 들었다고 합니다. 철공소에서 일하시는 분들도 동네 분위기가 한층 밝아졌다며 좋아하십니다. 요즘 이 지역이 뜨다 보니 주말이면 사진을 찍으러 오는 사람들도 많아졌습니다. 예전에는 시끄럽고 어두운 분위기의 우리 동네가 창피해 얼른 아파트로 바뀌었으면 했는데 이제는 벽화도 생기고, 구경 오는 사람들도 많아져서 우리 동네가 좋아졌습니다. 그런데 이곳이 아파트 단지로 재개발될 것이라는 소문이 돌고 있습니다. 주변 아파트에 사시는 분들은 철공소 때문에 아파트 가격이 하락한다며 재개발에 찬성하시는 분들도 많습니다. 최근에는 예술가들의 작업실 임대료도 많이 올랐다고 하는데 이러다 우리 동네 예술가들이 전부 떠나지 않을까 걱정입니다. 주민들도, 철공소도, 예술가도 모두 만족할 수 있는 방법은 없을까요?

그림 5.2 애물단지? 보물단지! 활동지

두꺼비를 살려주세요!

원흥이 방죽에서 새끼 두꺼비들이 대규모로 이동한다는 소식이 알려지자 시민과 학생들이 많게는 하루 수백 명씩 이 광경을 보기 위해 몰려들었고, 두꺼비를 보호하자는 여론이 자연스럽게 형성되어 청주시내 42개 시민·환경단체가 참가해 〈원흥이 두꺼비마을 생태문화보전 시민대책위원회〉가 생겨났다. 시민들과 위원회는 계획된 아파트 건설사업이 두꺼비 서식지는 물론 청주도심에 허파 구실을 하던 구룡산을 심각하게 훼손시킬 것이라며 사업 계획의 수정을 요구하였다. 사업의 주체인 주택공사는 폭 20m 길이 200m의 두꺼비 이동통로를 설치하고(사진 위) 원흥이 방죽을 자연형 하천으로 조성하는 대책을 제시하였다. 현재 원흥이 방죽은 두꺼비 생태공원으로 바뀌었으며(사진 아래) 생태공원에는 현재 황조롱이·원앙 등 천연기념물과 흰뺨검둥오리, 논병아리 등 조류 20여 종이 찾고 있으며 북방산개구리 등 양서류와 능구렁이·유혈목이·무자치 등 파충류도 나타나고 있다. 생태공원에서는 다양한 교육 및 체험 프로그램을 운영 중이다.

버려진 철길을 어떻게 할까요?

활동지의 사진은 선로의 지하화로 더 이상 사용되지 않고 방치된 경의선의 모습과 상황을 보여준다. 2012년 경의선은 숲길공원으로 재탄생했다. 일부 구간은 철로를 그대로 남겨 과거 이곳이 철길이었음을 알려준다. 우범지대였던 곳이 깨끗한 공원으로 탈바꿈함에 따라 찾는 사람들도 증가했고, 연남동과 공덕역 등 일부 구간에는 새로운 상권도 형성되었다. 공덕역 인근의 카페 주인은 "공원 이전에 이 일대는 우범지대로 꼽혔다고 하던데 지금은 공원이 생기고 어린이들이 많이 나와서 그런지 활기찬 모습"이라며 "공원이 알려질수록 매출도 점점 좋아지고 있다"고 말했다. 인근

에서 레스토랑을 운영하는 한 시민은 "공원화 이전에는 높은 펜스가 둘러쳐져 있어 보기 흉하고 어두웠는데 이제는 공원을 산책하는 사람이 늘면서 분위기가 눈에 띄게 달라졌다"라고 응답했다.

철공소와 예술가가 만난 곳

이곳은 2000년대 초중반부터 대학로와 홍대 지역의 비싼 임대료를 피해 철공소 지역인 문래동으로 이주해온 예술가들이 형성한 자생적 예술 마을이다. 철공소와 예술가들이 공존하면서 만들어내는 신기한 경관과 예술가들이 지역 곳곳에 설치한 조형물과 벽화들을 보기 위해 사람들이 몰려들었고, 자연스럽게 이들을 대상으로 한 음식점과 카페가 들어서기도 했다. 최근 서울시는 소규모 철공소, 예술공방, 힙한 카페가 공존하는 문래동 지역을 특화거리로 조성하기로 했다. 지역의 산업과 문화예술 생태계가 공존하는 독특한 장소성을 갖춘 지역으로 남을 수 있도록 도울 계획

이다. 하지만 문래동의 미래가 밝은 것만은 아니다. 철공소는 여전히 자리를 잃어가고 있으며, 핫플레이스로 소문이 나면서 임대료가 상승하는 모습이다. 교통이 편리하다 보니 주거지구나 상업지구로 개발하려는 시도가 지속되고 있다.

그림 5.3 **애물단지? 보물단지! 실제 결과**

그림 5.4 **영국 런던의 테이트 모던**
화력발전소의 모습을 간직한 외관과 미술관으로 꾸며진 내부의 모습. 테이트 모던은 건물 자체가 유명 전시물에 못지않게 관광객을 불러 모으고 있으며, 런던에서 가장 가난한 지역을 런던의 문화 중심으로 끌어올리며 '테이트 효과'라는 말까지 생겼을 정도다.

사진 출처

원흥이 방죽 옛 모습, 청주시 공식블로그 bestcheongju.tistory.com/52

원흥이 방죽을 연결하는 두꺼비 이동 통로, 네이버 뉴스, news.naver.com/main/read.nhn?oid=124&aid=0000017982

두꺼비 생태공원, 한겨레(2010.8.24) 세계가 찾는 원흥이 방죽, www.hani.co.kr/arti/society/area/436630.html

원흥이 두꺼비 생태공원 홈페이지 www.cheongju.go.kr/wonheungi/index.do

경의선 숲길, 경향신문(2015.6.25) 경의선 폐철길, 숲길로 단장, www.khan.co.kr/local/Seoul/article/201506252134285

테이트 모던 commons.wikimedia.org/wiki/File:Tate_Modern_-_Bankside_Power_Station.jpg /
　　　　commons.wikimedia.org/wiki/File:Tate_modern_london_2001_03.jpg

사례 조사하기

지리교육학자인 필 거쉬멜(Phil Gersmehl)과 함께 미국에서 지리교육 프로젝트를 진행한 적이 있다. 지리학의 개념들이 전부 실세계의 사례들로부터 나온 것인데 언제부턴가 우리는 사례들은 가르치지 않고 개념만 가르치고 있다며, 그가 불평하던 기억이 있다. 수업시간에 가르치는 개념들이 모두 세상을 이해하고 설명할 필요에 의해 만들어진 것인데 개념들을 주어진 것으로만 생각하고 어떻게 가르칠 것인지만 고민한다는 것이다. '사례 조사하기' 활동은 개념만큼이나 사례의 역할과 중요성을 강조한다.

사례를 조사함으로써 학생들은 일반화된 지식을 통해 파악할 수 없는 생생하고 구체적인 사실들을 알 수 있다. 일반화된 지식(개념)과 사례의 관계를 이해할 수 있을 뿐 아니라 어떤 사례는 일반화가 가능하지도 나아가 적절하지도 않다는 것을 알게 된다 (Lee & Catling, 2017). 예를 들어, 노르웨이, 독일, 프랑스는 모두 유럽에 위치하고 있지만 전력생산을 위한 에너지 소비 유형은 현격한 차이를 보인다. 이들 세 국가의 사례를 하나로 일반화하는 것보다는 각각의 사례를 강조하고 이해하는 것이 필요하다(국가별 전력생산의 특징 참조). 학생들에게 해당 그래프를 다운받을 수 있는 사이트 (ourworldindata.org/ → 'energy and environment')를 알려주고 국가별 전력생산을 위한 에너지 소비 유형을 비교하게 하는 것도 가능하다.

국가별 전력생산의 특징

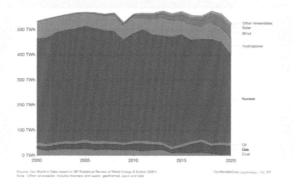

프랑스

전력생산에서 원자력발전이 차지하는 비중은 절대적이다. 2018년 기준으로 원자력의 비중은 71.7%에 달한다. 이에 비해 석탄, 석유, 천연가스 등 화석연료가 차지하는 비중은 7.1%로 작다. 프랑스의 전체 전력 생산량은 지난 20년 동안 크게 변하지 않았다.

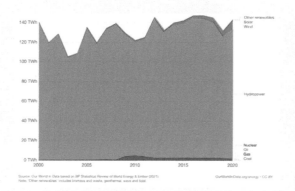

노르웨이

전력생산에서 수력발전이 차지하는 비중은 압도적이다. 2019년 기준으로 수력발전의 비중은 93.4%에 해당하며, 나머지 전력은 지열, 풍력 등 재생에너지를 통해 생산하고 있다. 따라서 노르웨이는 유럽에서 이산화탄소를 가장 적게 배출하는 국가 중 한 곳이다. 노르웨이에서 수력발전이 발달하게 된 것은 노르웨이의 지형 특성과 관련이 있다. 노르웨이의 지형은 아마도

....

....일 것이다.

독일

전력생산에서 ....

....

....

....

....

....

....

....

....

새로운 사회 수업의 발견

수업시간에 습득한 지식을 사례 조사하기의 과제로 제시할 수 있다. 이때 '수업시간에 배운 내용이 적용될 수 있는 사례를 찾아보라'고 막연하게 지시하는 것이 아니라 학생들이 서로 다른 과제를 선택하면서도 공통의 학습경험을 달성할 수 있도록 과제를 설계해야 한다. 가령, 인구 단원을 통해 인구증가율, 유아사망률, 기대수명, 노년부양비 등의 개념을 배웠다면 이들 개념을 활용해 특정 국가의 인구 특징과 당면한 인구문제를 설명할 수 있어야 한다. 만일 하나의 국가가 아니라 여러 국가를 비교하도록 과제를 설계한다면 지식의 적용 가능성은 높아질 것이다 **국가별 인구문제 파악하기 참조**.

국가별 인구문제 파악하기

월드뱅크(World Bank)에서 인구 데이터를 수집하여 개별 국가들이 당면한 인구문제를 파악하는 과제이다. 자신이 원하는 총 3개의 국가를 선정하여, 인구증가율, 유아사망률, 기대수명, 노년부양비를 비교하고, 각각의 국가가 당면한 인구문제를 기술한다. 과제 수행방법은 다음과 같다.

1 월드뱅크 사이트(databank.worldbank.org/source/world-development-indicators/preview/on)에 접속한다.

2 국가 선정 - Country 메뉴를 이용하여 비교할 세 국가를 선택한다. 서로 다른 유형의 인구문제를 보여줄 수 있는 국가를 선정하는 것이 좋다(예, 스위스, 가나, 베트남).

3 데이터 선택 - Series 메뉴를 이용하여 데이터의 종류를 선택한다. 총 1,435개의 데이터를 선정할 수 있으며, 검색(예, population)이나 필터(▼)를 활용하면 인구 관련 데이터(예, 인구증가율(Population growth(annual %)), 유아사망률(Mortality rate, infant(per 1,000 live births)), 기대수명(Life expectancy at birth, total(years)), 노년 부양비(Age dependency ratio, old(% of working-age population))를 쉽게 찾을 수 있다.

4 기간 선정 - Time 메뉴를 이용하여 데이터의 기간을 선택한다. 가령, 최근 20년(1994-2019년) 동안의 데이터를 2년 단위로 선택할 수 있다.

5 데이터 받기 - Country, Series, Time 메뉴의 선택을 마쳤으면, Excel 파일로 다운받는다.

6 그래프 작성 - 세 국가의 인구증가율, 유아사망률, 기대수명, 노년부양비를 비교하는 그래프를 각각 제시하고, 설명한다. 그래프를 토대로 세 국가가 당면한 인구문제를 설명한다.

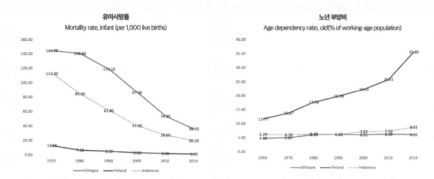

경제적 발전 정도에 따라 인구 통계에 유의미한 차이가 있을 것으로 예상하여 국가별 1인당 GDP를 비교하여 그 수치에서 큰 격차를 보인 핀란드, 인도네시아, 에티오피아를 분석 대상으로 선정하였다.

유아사망률은 1970년의 에티오피아의 유아사망률이 핀란드의 10배를 넘길 정도로 국가 간 격차가 가장 크게 나타난 항목이다. 그래프를 통해 에티오피아와 인도네시아 모두 시간의 흐름에 따라 유아사망률이 급격하게 감소하는 것을 알 수 있다. 반면에 핀란드는 이러한 현상은 20세기에 이르러 보건 및 의료 분야의 기술이 진보하고, 기술이 선진국에서부터 저개발국까지 점차 확산되면서 단계적으로 유아사망률을 감소시킨 것이라 추측할 수 있다. 다른 항목과 달리 노년부양비의 그래프는 상당히 특징적인 차이가 나타났다. 인도네시아와 에티오피아는 모두 1960년부터 현재까지 10% 미만에 머문 반면, 핀란드의 경우 비율이 지속적으로 상승하여 2019년에는 35.8%에 달했다. 이는 핀란드에서 노인 인구 비중은 증가하고 경제활동인구의 비중은 감소했음을 나타낸다.

그래프를 종합하였을 때, 세 국가가 당면한 인구문제는 다음과 같이 분석할 수 있다. 먼저 핀란드에서는 노동력의 감소와 동시에 소비 인구의 감소로 이어져 내수 시장의 경기 침체가 예상된다. 또 고령화로 인해 노인 부양 부담이 증가하고 인구증가율이 음수가 된다면 '인구 절벽'으로 이어질 수 있다. – 이하 생략

▶ 이소민 과제물 예시

내 아침식사는 어디서 오는가? 활동은 식품의 원료가 생산되는 지역과 자연환경, 생산방식과 생산에 참여하는 사람들, 이동 경로와 운송수단을 조사함으로써 나와 지역, 세계와의 연계성을 이해하는 과제이다. '내 아침식사는 어디서 오는가?'라는 과제에

답하기 위해 다양한 데이터를 직접 수집하게 되고, 자신이 수집하는 데이터가 질문에 답하는 데 적합한지 혹은 데이터로서 신뢰할 수 있는지를 판단하게 된다. 더불어 과제물을 작성하는 과정에서 자신의 아이디어를 효과적으로 의사소통할 수 있도록 정보와 데이터를 조직하고 표현할 수 있다. 과제를 통해 상품사슬, OEM, 공정무역, 지리적표시제, 로컬푸드, 푸드마일, 애그리비즈니스 등의 개념을 이해할 수 있다. 학생들의 과제 수행을 지원하기 위해 예시(그림 6.1)를 제시할 수 있으며, 학생들의 과제는 〈표 6.1〉을 활용해 평가할 수 있다.

내 아침식사는 어디서 오는가?

나의 아침식사 음식이 어떤 경로를 통해 식탁에 오르게 되었는지를 조사하는 과제입니다. 과제를 통해 답해야 하는 질문은 아래와 같습니다.

- 원료의 생산지는 어디인가? 왜 거기인가?
- 누가 생산하는가?
- 원료는 어떤 방식으로 생산되는가? (예, 대규모, 기계화된 방식으로 생산되는가 아니면 미숙련, 저임금 노동에 의존하는가? 협동조합 혹은 계약재배를 통해 생산되는가? 등)
- 가공업자, 유통업자, 도매업자, 소매업자를 거치는가?
- 생산지에서 소비자까지 어떤 운송수단을 통해 운반되는가?

| 과제물 작성요령 |
- 조사하려는 아침식사 사진을 첨부합니다.
- 아침식사 음식 중 한두 가지를 골라 조사합니다. 예를 들어 아침식사에 쇠고기미역국이 나왔으면 국의 '소고기'와 '미역'에 초점을 둘 수 있습니다. 가공식품(예, 딸기잼)을 선택할 경우 포함된 모든 요소를 조사하기보다는 딸기, 설탕과 같은 핵심적인 한두 가지만 조사합니다.
- 모든 자료에 대해서는 근거를 제시합니다. 인터넷에서 자료를 찾았다면 인터넷 주소를 적고, 전화 인터뷰를 했다면 '전화 인터뷰'라고 적습니다.
- 생산지에서 소비자에 도달하기까지의 과정을 그래픽(다이어그램)으로 표시해 주세요.
- 분량은 두 장 이내입니다.

그림 6.1 학생 과제물 예시

▶ 백하연 아이디어(위), 이서영 아이디어(아래)

표 6.1 '내 아침식사는 어디서 오는가?' 평가기준

평가항목	탁월	우수	보통	미흡
내용의 충실성 (10)	생산지의 위치와 자연환경, 생산 및 가공 단계별 생산방식, 유통경로 및 이동수단을 모두 파악하였다. 생산/가공에 참여한 사람들의 대략적인 규모와 노동 특성 및 노동환경에 대해 기술하였다. 상품사슬(원료 → 식탁)의 전 과정을 포괄하였다. (10~8)	생산지의 위치와 자연환경, 생산 및 가공 단계별 생산방식, 유통경로 및 이동수단, 생산/가공에 참여한 사람들의 대략적인 규모와 노동환경 항목을 대부분 조사하였다(1~2항목을 누락했거나 피상적으로 기술하였다). 탁월 수준이 되기 위해서는 상품사슬의 전 과정을 포괄해야 한다. (7~6)	생산지의 위치와 자연환경, 생산 및 가공 단계별 생산방식, 유통경로 및 이동수단, 생산/가공에 참여한 사람들의 대략적인 규모와 노동환경을 부분적으로 조사하였다. 누락된 항목이나 피상적으로 기술된 부분이 절반 이상 나타난다. (5~4)	생산지의 위치와 자연환경, 생산 및 가공 단계별 생산방식, 유통경로 및 이동수단, 생산/가공에 참여한 사람들의 대략적인 규모와 노동환경에 대한 조사가 제한적이다. (3~1)
데이터의 신뢰성 (5)	제시된 모든 정보에 대한 근거(sources)를 제시했으며, 신뢰할 만한 정보(원)를 활용하였다. (5)	제시된 정보에 대한 근거(sources)가 일부 누락되었다. 신뢰하기 어려운 정보(원)가 일부 사용되었다. (4)	제시된 정보에 대한 근거(sources)가 부분적으로(선택적으로) 제시되었다. (3~2)	제시된 정보에 대한 근거가 거의 없다. (1)
표현의 명료성 (5)	식품의 상품사슬의 구조와 흐름을 한눈에 이해할 수 있도록 표현하였다. 포함된 사진은 주제에 부합하며, 사진의 해상도와 크기가 적절하고, 가로X세로의 비율이 맞다. 이미지(사진, 그래픽)와 텍스트는 내용을 이해하기 쉽도록 배치되었다. 지리적 용어를 적절한 방식으로 사용하였으며, 문장이 간결하고 오탈자가 없다. (5)	식품의 상품사슬을 그래픽으로 표현하였다. 상위점수(탁월)를 받기 위해서는 단순히 정보를 나열하기보다는 수집된 정보를 종합/조직해서 표현해야 한다. 주제와 부합하지 않는 사진, 해상도가 낮은 사진, 가로X세로 비율이 맞지 않는 사진 등이 일부 포함되었다. 지리적 용어가 일부 활용되었다. (4)	식품의 상품사슬을 그래픽으로 표현하였으나 피상적인 수준이다. 주제와 부합하지 않는 사진, 해상도가 낮은 사진, 가로X세로 비율이 맞지 않는 사진 등이 일부 포함되었으며, 지리적 용어가 거의 사용되지 않았다. 이미지와 텍스트의 배치는 수정이 필요하다. (3~2)	식품의 상품사슬을 그래픽으로 표현하지 않았다. 지리적 용어를 사용하지 않았다. (1)

www.sourcemap.com에서 나만의 상품사슬 지도를 만드는 것이 가능하다. 아래는 '참치김밥'을 소재로 상품사슬을 지도로 표현한 모습이다.

유추 활용하기

유추(analogy)는 사전적으로 '어떤 측면에서 둘 또는 그 이상의 것들이 서로 일치하여 다른 측면에서도 아마 그러할 것이라 추론하는 행위'(Merriam-Webster.com, 2011)와 같이 정의된다. 즉, 두 대상을 비교하여 몇 가지 측면에서 유사성이 확인된다면 한 대상에서 발견되는 특징이 다른 대상에서도 나타날 것이라 추리하는 것이 유추이다. 이때 두 대상에서 비교하는 것은 요소들 간의 구조나 관계를 의미한다(Gentner, 1983). 예를 들어, 어떤 사람이 지구의 내부 구조를 복숭아와 같다고 말했다면 이는 복숭아의 맛이나 색깔, 질감이 지구와 유사하다기보다는 두 물체의 부분들 간의 관계 유사성, 즉 복숭아 껍질과 지구의 지각, 복숭아의 씨와 지구의 핵을 의미하는 것이다. 일단 공통된 관계가 파악되면 또 다른 공통점이 있는지를 파악할 수 있다. 예를 들어, 지구의 핵이 복숭아의 씨만큼 단단한지, 혹은 지구의 지각이 복숭아의 껍질만큼 얇은지를 비교할 수 있다.

학생들에게 친숙한 상황을 활용해 낯선 상황을 이해시키는 것이 유추를 활용한 교수·학습 전략의 기본이다. 유추에서 친숙한 상황(문제)을 바탕문제, 낯선 상황(문제)을 표적문제라 한다. 예를 들어, 학생들이 잘 알고 있는 식물기관을 활용해 풀뿌리 민주주의를 설명할 수 있다(김자영·손병노, 2010)(그림 5.1). 이때 식물기관은 비교적 잘 이해된 바탕문제가 되며, 풀뿌리 민주주의는 이해해야 할 표적문제가 된다. 학생들은 뿌리가 받쳐줌으로써 줄기가 자라나고 꽃잎이 피는 식물의 구조와 주민참여에 의해 자치가 실현되고 주민복지를 가져오는 구조를 비교해 봄으로써 풀뿌리 민주주의를 이해할 수 있다.

식물기관(바탕문제)		풀뿌리 민주주의(표적문제)
뿌리	→	주민참여
줄기	→	지방자치
꽃잎	→	주민복지

그림 5.1 식물기관과 풀뿌리 민주주의

온실가스 배출 감축을 둘러싼 선진국과 개발도상국의 갈등 상황을 설명하기 전 아래 스토리를 먼저 소개하는 것도 가능하다. 아래의 스토리를 제시하고 온실가스를 둘러싼 선진국과 개도국의 갈등 상황을 제시한 다음 학생들이 두 스토리 간의 대응 관계를 혼자서 이해할 수 있을까? 만일 스스로 이해할 수 없다면 어떤 도움이나 훈련이 주어져야 할까? 이러한 질문들이 유추와 관련한 주요 연구 질문에 해당한다.

옛날 윗마을과 아랫마을 사이엔 저수지가 있었어. 아랫마을에서는 오래전부터 저수지를 이용해 벼농사를 지었단다. 벼농사엔 물이 많이 필요했거든. 윗마을에서도 벼농사를 짓고 싶었지만 땅이 경사가 급해서 벼농사를 지을 수가 없었어. 그래서 항상 아랫마을 사람들을 부러워했지. 그러다가 물을 끌어 올릴 수 있는 '펌프'가 보급되면서 윗마을에서도 벼농사가 가능하게 된 거야. 윗마을 사람들은 너도나도 밭을 논으로 바꾸기 시작했어. 그러자 저수지의 물이 눈에 띄게 줄어들기 시작했어. 아랫마을에서만 벼농사를 지을 때는 부족하지 않았는데 이제 두 마을에서 모두 벼농사를 짓게 되니 물이 부족하게 된 것이지. 해마다 줄어드는 저수지의 물을 바라보며 두 마을 모두 걱정이 되기 시작했어. 곧 저수지 물이 말라버리리라는 것을 알았거든. 두 마을의 대표들이 모여서 이 문제를 의논하기로 했어. 두 마을 모두 어떻게든 저수지 물 사용을 줄여야 한다는 것을 알고 있었거든. 아랫마을 대표는 이렇게 주장했어. "아랫마을 윗마을 모두 똑같이 50%씩 줄여보는 것이 어떨까요?" 윗마을 사람들은 이제 겨우 벼농사를 짓게 되었는데 물 사용량을 50% 줄여야 한다니 억울하다는 생각이 들었어. 과연, 윗마을 사람들은 아랫마을 대표에게 무엇이라 얘기했을까?

탄소 배출권 거래제는 학생들이 한 번에 이해하기 쉬운 개념은 아니다. 이를 위해 아래의 스토리를 활용하는 것도 가능하다.

지자체에서는 쓰레기 매립지가 포화상태에 이르자 지역별로 방안을 마련해 시행하도록 했다. 다음은 각각 1,000가구로 구성된 A아파트 단지와 B아파트 단지에서 제안한 쓰레기 배출 감축 방안이다. 여러분은 어떤 방안이 더 효과적이라고 생각하는지 판단해보자.

A아파트에서는 각 가구에서 배출하는 쓰레기의 양에 따라 세금을 부과하기로 했다. 예를 들어, 가구당 일주일에 5kg의 쓰레기를 무료로 배출할 수 있으며, 5kg가 넘을 경우 초과분에 대해서는 무게에 비례하여 별도의 비용(1kg당 1만원)을 부담해야 한다. 따라서 모든 가구는 쓰레기를 버릴 때 동호수를 입력하고 무게를 측정한 후 버릴 수 있다. A아파트 단지에서 1주일에 배출하는 쓰레기의 총량은 10톤으로 가구당 평균 10kg의 쓰레기를 배출하고 있다.

B아파트에서도 비슷한 방안을 시행하기로 했다. 다만, 세부적인 방안은 약간 차이가 있다. B아파트 주민들도 가구당 일주일에 5kg만 배출할 수 있도록 규정하였다. 다만, 5kg을 추가하여 배출하고 싶다면 비용을 부담하는 것이 아니라 일주일 동안 5kg보다 더 적게 배출하는 이웃에게 쓰레기를 버릴 수 있는 권리를 구매해야 한다. 즉, 일부 가구들은 1주일에 5kg보다 적은 양의 쓰레기를 배출할 경우 그 차이만큼 필요한 이웃에게 판매가 가능하다. 아파트 단지 내에서 쓰레기의 거래는 아파트 홈페이지에서 안내하기로 했다. 쓰레기 1kg을 배출할 수 있는 권한은 고정된 가격이 아니라 경매를 통해 사고팔도록 했다. 따라서 배출권을 사고자 하는 사람이 많아지면 가격은 올라가고 판매하고자 하는 사람이 많아지면 가격은 내려간다.

공간적 유추라는 개념이 있다. 공간적 유추란 '멀리 떨어져 있지만 비슷한 입지를 가져 유사한 지리적 특징을 나타내는 곳'을 추론할 수 있는 능력이다. 예를 들어, 미국인에게 서울의 기후를 설명할 때 비슷한 위치에 있는 뉴욕을 활용할 수 있는 능력을 가리킨다. 서울과 뉴욕은 지구의 반대편에 위치하고 있지만, 위도가 비슷하고 대륙의 동안에 위치하고 있어 여름은 덥고 습하며 겨울은 상대적으로 춥고 건조한 특징을 나타낸다(Gersmehl and Gersmehl, 2006). 공간적 유추를 지리적 콘텐츠를 설명하기 위한 전략으로 활용할 수 있다. 즉, 학생들에게 낯선 지리적 내용을 학생들에게 친숙한 내용을 활용해 이해시키는 방식이다. 가령, 이때에도 내용은 단순한 사실 보다는 구조나 관계를 의미한다. 가령, 서울에 사는 친구에서 "대구의 수성구가 서울의 강남이야"라는 표현은 유추를 활용한 설명이며, 서울-강남의 관계를 대구-수성구의 관계에 빗대어 설명한 것이다. 얼마 전 인도-태평양 지역을 관할하는 미 육군 사령관은 타이완을 둘러싼 긴장 상황을 러시아-우크리나아 상황에 대입시켜 설명했다. 그에 따르면, '일본은 폴란드, 필리핀은 루마니아, 중국은 러시아, 타이완은 우크라이나'에 해당한다는 것이다. 미국에서 러시아의 우랄산맥을 종종 애팔래치아산맥과 비교해서 가르친다. 두 산맥은 모두 고기습곡산지에 해당하며, 지하자원이 풍부한 공통점 외에도 각각 미국의 서부와 러시아의 동부로 이동할 때 장애물 역할을 한다. 만일 미국 학생들이 애팔래치아산맥에 대해 잘 알고 있다면 '러시아의 우랄산맥은 미국의 애팔래치아산맥과 비슷해'와 같은 방법으로 가르칠 수 있는 것이다. 비례식 형태(A:B=C:D)의 유추는 표준화된 시험에서도 종종 활용된다(Andrews, 1977, 1987; Nelson, 1975).

미국:애팔래치아산맥=러시아:A
중력법칙:질량=중력모델:B
우데기:눈=까대기:C
로테르담:라인강=뉴올리언스:D[7]

지리 수업에서는 다양한 지역사례들을 다루지만 모든 지역을 매번 새로운 지역처럼 학습하기는 여간 어려운 것이 아니다. 이때 활용할 수 있는 설명전략이 공간적 유추가 된다. 가령, 초등학교 수준에서는 아프리카의 열대우림의 위치와 특징을 제시하고 열대우림이 나타날 수 있는 다른 지역을 찾아보게 할 수 있다. 이때, 학습자가 고려해야 하는 요인(구조)은 위도가 된다. 중·고등학교 수준에서는 위도 조건은 다르지만 유사한 입지(관계, 체계)와 표면적 특성을 공유하는 사례들을 활용할 수 있다. 예를 들어, 한국 학생들에게 익숙한 황사의 사례를 통해 사하라 먼지(Saharan dust)를 이해하는 것이 가능하다. 두 사례는 발원지(타클라마칸 사막 vs. 사하라 사막), 이동 매개(편서풍 vs. 무역풍), 피해 지역(한국, 일본 등 vs. 남부유럽 및 카리브해) 등 유사한 관계 구조를 갖고 있다. 두 사례를 제시한 후 구조를 비교하게 하거나, 황사 현상을 학습한 후 유사한 조건(예, 사하라 사막의 위치와 범위, 바람 정보 등)을 제시함으로써 사하라 먼지의 피해 지역을 추론하게 할 수 있다. 이때, 먼지나 모래는 두 사례의 유사성을 연결해 주는 표면적인 특성이 된다.

08

테크놀로지 활용

테크놀로지의 발달은 GIS 활용교육과 야외 조사활동의 모습을 획기적으로 변화시키고 있다. 가령, 인터넷 지도에서 서비스하는 스트리트 뷰는 지역의 실제 모습을 관찰할 수 있는 기회를 제공해 줄 뿐 아니라 특정 지역(예, 제주도)에서 관찰할 수 있는 현상들을 확인하게 하는 활동을 설계하는 것도 가능하다. 이 활동을 통해 학생들은 인터넷 지도의 기능을 이해하는 것은 물론 지역의 특성을 파악하는 기회를 가질 수 있게 된다(그림 8.1).

스트리트 뷰로 제주도 키워드 찾기 게임

10점	30점	50점
야자수	돌하르방	제주도 방언 문구/간판
돌담집	유채꽃	귤 모양 가로등
용암 동굴 안	폭포	*테우 타는 사람
한라산 백록담	말	*뗏목배
오름	주상절리	
녹차 밭	동백꽃	
감귤	풍차(풍력발전소)	

그림 8.1 스트리트 뷰로 제주도 키워드 찾기 게임
학생들은 조별로 스트리트 뷰를 활용해 제주도를 탐색하게 되고, 그림에 제시된 키워드를 찾을 때마다 키워드에 부여된 점수를 획득하는 게임 방식의 수업이다.
▶ 성수하, 최혜정 아이디어

특히 모바일 테크놀로지(mobile technology)와 Web2.0 환경을 통해 학습자들은 언제 어디서든 인터넷에 접속할 수 있게 되었고, 모바일 애플리케이션(application)을 통해 다양한 지리적 현상(예, 기온, 소음, 거리, 조도, 각도 등)을 측정, 기록, 표현하는 것이 가능해졌다(Favier and van der Schee, 2009; Hedberg, 2014; Price et al., 2014). 스마트 디바이스가 네트워크로 연결되어 있을 경우 협업과 협력적 지식구성을 지원할 수 있다. 특히 학생들이 조사해야 할 지리적 범위가 넓을 경우 소그룹별로 구역을 나눠 조사할 수 있고, 데이터 입력을 위한 플랫폼을 공유한다면 동일한 포맷으로 데이터를 입력, 저장, 관리하는 것이 가능하다(Jones et al., 2013). 또한 학생들이 관찰하는 경관이나 현상을 해석할 때 서로 의견을 공유할 수도 있어 해석에 대한 오류가 줄어들고 궁극적으로는 협력적 지식구성의 단계까지 발전할 수 있다(Chang et al., 2012). 예를 들어, 동네에서 미세먼지 농도가 가장 높은 지점이나 미세먼지는 어디에? **참조** 혹은 가장 시끄러운 장소를 찾아 원인을 조사하거나 우리 동네 소음지도 만들기 **참조** 열화상카메라를 활용해 학교 건물에서 난방열 혹은 냉방 에너지가 새는 곳을 찾아볼 수도 있다 열이 새는 곳을 찾아라! **참조**. 다만 이러한 활동들이 학교수업의 일부로 진행되기 위해서는 다수의 학생이 동시에 참여할 수 있어야 하고, 비교적 짧은 시간에 원하는 결과를 얻을 수 있어야 하고, 적절한 평가를 위해 의미 있는 결과물을 만들 수 있어야 한다.

미세먼지는 어디에?는 미세먼지 농도 측정기를 활용해 주변 지역의 미세먼지 농도를 측정해 보는 활동이지만 실제 핵심적인 과정은 측정이라기보다는 가설을 세우고 검증하는 것이다. 사실 측정 자체는 간단하다. 우선, 교실에서 학생들에게 미세먼지 측정기를 나눠주고 측정기[8]의 농도 수치를 읽는 방법을 알려준다. 교실의 미세먼지 수준을 환경부 기준에 맞춰 확인할 수 있다(표 8.1).

그림 8.2 ▶ 미세먼지는 어디에? 활동 준비

표 8.1 미세먼지 예보 등급(환경부)

예보 내용	등급(μg/㎥)			
	좋음	보통	나쁨	매우 나쁨
미세먼지 PM10	0~30	31~80	81~150	151 이상
미세먼지 PM2.5	0~15	16~50	51~100	101 이상

　그런 다음 학교의 어디에 미세먼지 농도를 측정하고 싶은지 물어볼 수 있다. 학생들은 자신들의 호기심과 경험을 반영하여 다양한 지점들을 측정하고 싶어 한다. 학생들이 측정하고 싶은 지점을 이야기할 때 그 지점을 선택한 이유와 그러한 결과를 예상한 근거를 항상 물어보도록 한다. 가령, 학생들은 버스 정류장 주변이나 학교 급식실의 농도를 측정하고 싶어 할 수 있으며, 자신들만의 이유를 제시할 것이다. 다음으로 2대의 미세먼지 측정기가 있다면 어디를 비교하고 싶은지 물어보자. 이러한 질문과 답변을 통해 학생들은 '가설'을 수립하는 연습을 하게 된다. 학생 개개인의 호기심을 조사하는 것도 의미가 있지만 많은 개수의 미세먼지 측정기가 준비되어 있다면 넓은 지역을 조사하는 것도 가능하다. 즉, 20대 정도면 넓은 지역(구역)을 포괄하는 것이 가능하며, 측정된 값을 지도로 표현하는 것도 가능해진다. 수업시간에 활동을 진행한다면 각자 조사할 지점과 측정시간을 정해놓고 활동을 진행하는 것이 가능하다. 미세먼지는 어디에? 활동은 이화여자대학교 캠퍼스 주변을 대상으로 제시한 사례이다. 학생들은 차량 통행이 많고 번화한 지점(예, 신촌 전철역)이 나무가 많고 상대적으로 쾌적한 지점(예, 교내)보다 미세먼지 농도가 훨씬 높을 것이라 예상하지만 실제 측정값을 크게 차이가 나지 않는다. 학생들이 수집한 데이터의 결과가 자신들의 예상(가설)과 다르게 나타났을 때 어떻게 대처할 것인가가 이 활동의 핵심이다. 결과에 당황하지 말고 데이터 수집 과정에서 오류가 있었는지, 수집한 데이터에 문제가 없다면 가설에 문제가 없었는지 생각해 보아야 한다.[9] 마지막으로 구글맵(Google Map)을 활용하면 현장에서 바로 데이터를 입력하고, 종합하고, 시각화하는 것이 가능하다.[10] 측정값에 따라 등급을 구분한 다음 적절한 색을 부여해 보도록 한다.

미세먼지는 어디에?

측정할 지점에 도착해서 기다렸다가 정해진 시간에 미
세먼지 농도를 측정합니다. 미세먼지 농도에 영향을 미
칠 수 있는 환경적 요소(예, 주변에 공사가 진행 중이다)
를 '측정 장소의 특징'에 기술합니다.

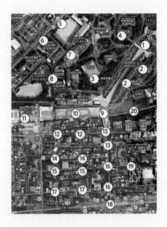

측정 장소	미세먼지 농도 측정값($\mu g/m^3$)		측정 장소의 특징	측정자 (이름)
	PM10	PM2.5		
1				
2				
…				
20				

구글맵에 데이터를 입력한 모습

우리 동네 소음지도 만들기 활동은 스마트폰 앱을 활용해 동네의 소음을 측정하고 지도를 작성해 보는 활동이다. 소음을 유발하는 시설이 학교 주변에 있다면 야외 조사의 초점이 될 수 있다. 우리 동네 소음지도 만들기는 수집하는 데이터의 신뢰도(reliability)에 대해 생각해 볼 수 있는 좋은 기회가 된다. 소음의 측정값은 시시각각 변화한다. 특히, 도로변의 소음값은 지속적으로 변화하는데 과연 높은 값을 선택할 것인가 아니면 낮은 값을 선택할 것인가? 지금은 조용하지만 밤에는 엄청 시끄러울 수 있다. 또한, 기기에 따라 측정값이 변화하기도 한다. 데이터를 수집하는 과정에서 학생들은 자연스럽게 위와 같은 문제에 부딪히게 된다. 이는 자연스러운 과정이며 오히려 새로운 학습을 위한 출발이자 기회가 된다. 학생들이 이러한 문제를 당면하고 또 해결하려는 경험을 해본다면 학생들이 데이터를 바라보는 시각도 달라질 것이다. 우리 동네 소음지도 만들기 활동은 간단하다. 먼저 조사범위와 조사지점, 혹은 얼마나 촘촘하게 소음을 측정할 것인지를 결정한다. 지도에 측정지점과 측정값을 기록하는 것도 가능하지만 구글맵을 사용한다면 현장에서 바로 데이터를 입력하는 것이 가능하다. 실시간으로 입력 현황을 파악할 수 있을 뿐 아니라 구역을 나눠 소그룹(혹은 짝)별로 소음의 크기를 측정하고 기록하면 어렵지 않게 데이터 수집을 마칠 수 있다. 구글맵으로 수집된 데이터를 적절한 급간(class)으로 구분한 다음 색을 부여한다. 그런 다음 소음의 공간적 패턴이 나타나는지, 소음이 높게 측정된 지역은 과연 법이 정한 허용 범위 내에 속하는지, 소음이 높게 측정된 지점들의 경우 낮출 수 있는 방법을 찾을 필요가 있는지, 찾아야 한다면 방법은 무엇인지 등을 논의할 수 있다.

열이 새는 곳을 찾아라!는 스마트폰에 연결할 수 있는 열화상카메라를 활용해 학교 건물에서 열에너지가 낭비되는 지점들을 찾는 활동이다. 소그룹(3~4명)별로 열화상카메라를 나눠주고 직접 사용해보게 한다. 열화상카메라를 나눠준 후 책상, 얼굴, 손 등 찍고 싶은 것들을 마음껏 찍어보게 하자. 열화상카메라에 호기심이 남아 있으면 활동하는 과정에 자신들의 호기심을 해소하려 하기 때문에 수업 초반부에 이러한 방식으로 호기심을 해소할 필요가 있다. 다음으로 '이 카메라를 어떤 용도로 활용하면 좋을까?'라는 핵심 질문을 던져보자. 이 질문에 대한 답변을 통해 이번 활동의 주제를 이

우리 동네 소음지도 만들기

소리의 크기를 측정할 수 있는 스마트폰 앱
(예, Decibel X)을 활용해 원하는 지점의 소
음 크기를 측정해 보자. 일부 앱은 소리의
크기뿐 아니라 측정지점을 사진으로 찍을
수도 있다. 소음의 크기, 측정시각, 대상지
역, 소음의 유형, 소음의 지속성, 소음에 대
한 설명, 사진촬영 유무를 기록한다.

측정 지점	강도 (dB)	측정 시각	적용 대상 지역*	유형** a.공장 b.교통 c.생활 d.기타	지속성 (지속 vs. 간헐)	소음에 대한 설명	사진촬영 유무
1	50.5	16:00	상업지구 +도로변	-	-	-	×
2	75.6	16:10	상업지구 +도로변	b	간헐	자동차 소리	○
3	89.8	16:14	상업지구 +도로변	c, b	지속	화장품 가게의 음악소리	○
4	59.0	16.20	주거지 +일반지역	c	간헐	아이들이 내는 소리	○
...							

* 적용 대상 지역의 유형(①주거지/학교주변+일반지역, ②주거지/학교주변+도로변, ③상업지구+일반지역, ④상업지구+
도로변)에 따라 허용되는 소음의 기준이 다르다.

** 소음의 유형은 공장소음(예, 기계소음 등), 교통소음(예, 자동차 소리 등), 생활소음(예, 공사장 소음, 홍보 스피커, 집회
확성기, 유흥업소 등), 기타로 구분한다.

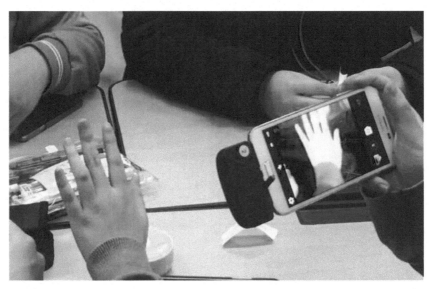

그림 8.3 열이 새는 곳을 찾아라! – 스마트폰에 연결하는 열화상카메라

끌어낼 수 있다면 가장 좋은 시나리오가 된다. 활동지를 통해 소그룹별로 달성해야 할 과제를 설명한다. 학생들이 과제를 제대로 이해했다면 20~30분 정도면 필요한 사진을 찍어올 수 있을 것이다. 학생들이 자료를 수집하는 동안 수업하고 있는 다른 반을 절대 방해하지 않도록 명확하게 주의를 줄 필요가 있다. 교실로 돌아와 학생들이 찍은 사진을 교사에게 전송하는 방식으로 수업시간에 결과를 발표하거나 1~2주 정도의 시간을 두고 소그룹별 프로젝트로 진행하는 것도 가능하다. 한편, 난방열뿐 아니라 여름철 에어컨 냉기에 초점을 맞춰 활동을 계획하는 것도 가능하다(그림 8.4).

그림 8.4 여름철 개방된 문을 통해 에어컨 냉기가 새어 나오는 모습

열이 새는 곳을 찾아라!

올겨울 학교 난방비가 작년에 비해 많이 나왔다고 합니다. 선생님께서는 학교 건물이 오래되어 곳곳에서 난방열이 새고 있다고 하시며 그곳을 찾아 막을 수 있다면 난방비를 아낄 수 있다고 하셨습니다. 마침 우리 환경 동아리에 열화상카메라가 생겼습니다. 우리는 열화상카메라를 활용해 직접 건물에서 열이 새는 곳을 찾아 학교 행정실에 알려 드리기로 했습니다. 우리가 아래와 같은 증거를 찾아야 합니다.

❶

BEFORE

AFTER

❷

문틈이나 창문 사이로 단열이 제대로 되지 않은 곳을 찾으면 됩니다(사진 ①). 남색은 찬 공기를 가리킵니다. 사진을 보면 문틈으로 찬 공기가 들어오고 있습니다. 사진 ②는 단열의 필요성을 보여주는 장면입니다. 창문이 붉은색으로 보이는 것은(BEFORE) 창문을 통해 건물 내부의 열이 바깥으로 빠져나가고 있다는 것을 말해줍니다. 만일 난방열을 더 철저하게 가둘 수 있는 이중창으로 바꾼다면 오른쪽 사진(AFTER)과 같이 변하게 됩니다.

| 보고서 양식 |

- **촬영자**: 김○○(××고등학교)
- **촬영지점**: 학생회실의 천장
- **어떤 문제인가?** 천장 구석에서 찬바람이 들어오고 있다
- **해결방안**: 단열공사가 필요하다.

재미있는 융합 활동

본 장에서는 정규수업은 물론 동아리활동이나 교내 캠프 등의 시간에 활용 가능한 재미있는 융합 활동을 소개한다. GPS 보물찾기는 GPS와 경위도 좌표를 이용해 교사가 숨겨둔 보물을 찾고, 보물에 적힌 힌트를 통해 비밀을 해결하는 활동이다. 보물에는 비밀(예, 황사)을 해결할 수 있는 힌트(예, 봄철, 중국, 편서풍 등)가 하나씩 적혀 있으며, 많은 수의 보물을 찾을수록 비밀을 해결하는 데 유리하다. 힌트와 비밀의 내용을 쉽게 조합할 수 있어 다른 교과 내용과 연계하기 쉽다. GPS 대신 경위도 좌표를 보여주는 스마트폰 앱을 활용할 수 있다. 단, 이 경우에도 스마트폰 화면에 지도가 표시되는 앱이 아니라 경위도 좌표(숫자)만 표시되는 앱을 활용해야 활동을 통해 경위도 좌표의 의미를 이해할 수 있게 된다.

GPS 보물찾기 활동을 위해서는 다른 활동에 비해 많은 사전준비가 필요하다. 보물(힌트)을 준비하고, 학교 주변에 보물표식을 붙여둔 다음 수업을 시작할 수 있다. 우선 필요한 숫자만큼 소그룹을 나누고 GPS(혹은 스마트폰)를 나눠준다(2명당 1개). GPS를 켜서 부호와 숫자를 읽어보게 한다. N이 무엇인지, 우리가 북쪽으로 이동하면 숫자는 어떻게 바뀔 것 같은지 물어본다. 바깥으로 나와 학생들과 함께 10~20m를 일정한 방향으로 이동한 다음 숫자가 어떻게 바뀌는지 확인해보는 것이 좋다. 그런 다음 학생들에게 활동지를 나눠주고 게임의 규칙을 설명한다. "GPS를 활용해 활동지에 적힌 경위도 좌표를 찾아가면 보물(힌트)을 찾을 수 있고, 보물을 조합하면 비밀을 해결할 수 있다." 무턱대고 보물을 찾게 하지 말고 자신들의 위치를 기준으로 보물의 방향과 거리를 대략적으로 가늠해 보도록 한다. 학생들은 운동장에서 이동해 본 경험이 있어 방향

보물도 찾고 비밀도 풀고 - GPS 보물찾기

보물 전시회를 보고 돌아오는 코난과 친구들 … 코난은 이 세상엔 아직도 감춰져 있는 보물이 많다며, 소년 탐정단을 꿈에 부풀게 한다. 그때 마침 바람에 알 수 없는 뭔가가 적힌 쪽지가 날아오는데… 평소 같았으면 쓰레기로 생각했겠지만, 갑자기 궁금증이 생겨 집어 들어보니 이상한 숫자들이 쓰여 있는 알 수 없는 쪽지였다.

❶ N37°33'49.51" E126°56'44.73"

❷ N37°33'46.35" E126°56'46.17"

❸ N37°33'50.69" E126°56'47.91"

❹ N37°33'51.33" E126°56'48.55"

이건 혹시 보물지도가 아닐까?
과연 쪽지의 의미는 무엇일까?

| 게임 방법 |

- 운동장 주변에 보물(가로×세로 5cm 크기의 쪽지)이 숨겨져 있다. GPS를 활용해 경위도 좌표를 따라가 보면 보물을 발견할 수 있다.
- 각 팀별로 4개의 보물을 찾아야 한다. 다른 팀의 보물을 가져올 경우 감점(-2점)이 있으며 다른 팀의 보물을 훼손할 경우 실격임을 명심하자. 또한 활동시간(20분)을 1분 넘길 때마다 -1점씩 감점이다.
- 보물을 발견하면 팀별로 1개만 가져온다. 팀장은 찾은 보물을 모아 팀원들과 비밀을 해결하도록 한다.
- 발견한 보물의 개수(개당 1점), 비밀 해결의 유무(1점), 발표를 통해 팀별 점수를 계산한다.

과 거리감을 익힐 수 있다. 학교의 크기에 따라 활동시간은 차이가 있지만 대략 20분 정도 찾을 수 있는 시간을 제시한다. 보물찾기 활동의 특징은 처음 5~10분간 보물을 찾지 못할 경우 학생들은 크게 실망하지만, 일단 첫 보물을 찾게 되면 학생들은 엄청난 성취감을 느낀다는 점이다. 따라서 첫 보물을 찾을 수 있도록 적절하게 격려해 주는 것이 필요하다. 보물찾기가 끝나면 교실로 돌아와 찾은 보물(힌트)을 토대로 소그룹별로 비밀을 해결하도록 한다. 흥미로운 점은 모든 보물을 찾아야만 비밀을 해결할 수 있는 것은 아니라는 점이다. 소그룹별로 보물과 비밀을 발표할 때 이야기(스토리) 형식으로 발표하도록 한다. 보물의 내용과 비밀을 발표할 때 하나의 이야기로 엮어 발표하게 함으로써 개념을 맥락적으로 이해할 수 있다. 또한, 발견하지 못한 보물의 내용을 추론하는 과정 등을 통해 다양한 연관적/발산적 사고를 경험할 수 있다. 아래는 인천 영종중학교 학생들의 발표 예시이다.

> "우리가 찾은 보물은 〈온실가스〉하고, 〈중국〉과, 〈교토의정서〉, 〈몰디브〉이에요. 그래서 우리가 이 네 개를 추론해 낸 결과… CO_2가 증가하게 되면서 온실가스가 많아지게 되었고, 그럼으로 인해서 지구온난화가 발생되면서 몰디브가 수몰하게 되었어요. 몰디브가 수몰하는 사례가 발생하자 세계에서는 교토의정서를 만들어가지고 온실가스의 양을 줄이자는 내용의 교토의정서를 발표한 것이죠. 그러므로 우리의 주제는 지구온난화… 비밀이 지구온난화입니다."
>
> "저희 조에서는 세 개를 찾았는데요. 첫 번째 〈봄〉, 두 번째 〈사막화〉, 세 번째는 〈중국〉입니다. 봄에서 연상되는 거와 같이 봄에는 우리나라에 황사가 많이 찾아오죠. 황사는 사막화에 의해서 일어나구요. 대부분 중국의 고비사막에서 일어나는데… 나머지 한 개의 힌트는 '사막'이 아닐까 싶습니다. 그래서 저희가 찾아낸 답은 황사라고 생각합니다."

발표가 끝나면 아래 채점표를 활용해 소그룹별 점수를 계산한다. 점수를 계산한 다음 어떻게 보물을 찾았는지 소그룹별 문제해결전략을 확인할 수 있다. 채점표의 항목은 실제 발생할 수 있는 문제점(예, 활동시간을 넘겨 교실로 돌아올 경우)을 고려하여 설정하였다.

새로운 사회 수업의 발견

표 9.1 GPS 보물찾기 활용 채점표

평가항목	항목 당 점수	팀별 점수			
		A팀	B팀	C팀	D팀
찾은 보물의 개수	1점(개당)				
비밀 해결 여부	1점				
보물(키워드)을 조합한 발표 능력 • 찾은 보물과 비밀을 정확하게 이해하고, 논리적으로 연결하였을 경우 (2점) • 찾은 보물과 비밀의 내용에서 부정확한 부분이 발견되거나 연결이 매끄럽지 못한 경우 (1점)	1~2점				
다른 팀의 보물을 찾은 경우	-2점 (개당)				
활동시간을 넘겨 교실로 돌아온 경우	한 명이 1분씩 늦을 때마다 -1점				
다른 팀의 보물을 훼손한 경우	실격				
비밀을 해결하기 위해 다른 팀이 찾은 보물을 엿본 경우	실격				
총점					

GPS 보물찾기 활동 준비

소그룹 만들기(보물 8곳, 학생 16명, GPS 8개 기준)

학생들을 4개의 소그룹(4명씩)으로 나누고 팀장을 뽑는다. 소그룹의 수와 팀원의 수는 상황에 따라 조절한다. 두 소그룹(A/B팀, C/D팀)에서 동일한 보물을 찾는다. 모든 소그룹이 자신들만의 보물을 찾는 것이 가장 이상적이지만 현실적으로 한 학교에서 8개 이상의 보물을 숨기는 것이 쉽지 않다. 넓은 곳에서 활용한다면 더 많은 수의 보물을 숨기는 것도 가능하다.

A팀	B팀	C팀	D팀
○○	○○	○○	○○
○○	○○	○○	○○

GPS / 스마트폰 활용

GPS는 배경지도 없이 경위도 좌표만 제시되는 것을 사용한다. 좌표를 넣어 지도를 찾아가는 방식으로 게임을 진행하게 되면 경위도 좌표의 원리를 이해하기 어렵다. 경위도 좌표를 보여주는 스마트폰 앱(예, Simple GPS)을 활용하는 것도 가능하다. 이때 경위도의 도, 분, 초 정보를 상세히 보여줄 수 있는 앱을 선정하도록 한다.

보물(힌트) 만들기

소그룹은 찾은 보물(힌트)을 조합하여 비밀을 밝혀내야 한다. 예를 들어, 보물에 '유재석', '박명수', '하하'가 적혀 있다면 비밀은 '무한도전'이 된다. 4개의 보물을 통해 1개의 비밀을 해결하도록 하는 것이 좋으며, 보물과 비밀은 수업시간에 중요하게 다루는 개념들로 선정한다. 보물과 비밀의 예시는 아래와 같다. 보물 표식의 한쪽에는 보물 그림을 다른 한쪽에는 키워드를 적은 다음 원하는 곳에 붙인다.

예) 공정무역 - 대안, 커피, 초콜릿, 거래

예) 메카 - 사우디아라비아, 성지순례, 이슬람, 기도

예) 판구조론 - 대륙이동설, 지각, 지진대, 해저확장설

예) 기온역전 - 분지, 냉해(冷害), 안개, 뒤집힘(reverse)

보물 숨기는 방법

GPS 오차를 고려하여 보물 간의 간격은 최소 10~15m 이상 분리될 수 있도록 한다. 수업 전 학교 주변에서 보물을 붙일 만한 지점을 정하고 정확한 GPS(혹은 2개 이상의 GPS)를 활용해 지점들의 평균적인 좌표를 기록한다(GPS 간에도 오차가 발생한다). 보물이 멀리서도 눈에 띌 경우 학생들은 운동장 전체를 훑는 방식으로 보물을 찾으려 한다. 보물을 붙이기에 좋은 위치는 나무의 뒤편 등 정면에서 바로 확인할 수 없는 곳이 좋다. 또한, 학생들이 찾아야 하는 보물의 실물을 보여주고 어떤 방식으로 붙여놓았는지를(예, 가슴 높이 등) 알려준다. 팀별로 찾아야 하는 보물의 위치가 전부 다를수록 좋다. 팀별로 동일한 지점의 보물을 찾게

할 경우 좌표와 GPS를 활용하기보다는 다른 팀원들이 몰려 있는 곳(보물이 있을 것으로 기대하기 때문에)으로 이동하는 경향이 있다. 그러나 현실적으로 숨길 수 있는 보물의 개수가 한정되어 있기 때문에 복수의 팀들이 동일한 보물을 찾게 하는데 이 경우에도 세 팀을 넘기지 않도록 한다.

그림 9.1 GPS 보물찾기 활동 모습

구글어스 카펫 디자인은 구글어스(Google Earth)에 나타나는 기하학적 패턴을 카펫 디자인으로 활용하는 활동이다(그림 9.2). 활동을 통해 디자인 역량을 키울 수 있을 뿐 아니라 학생들은 기하학적 패턴이 나타나는 지역과 이유를 조사하게 되며, 구글어스를 색다르게 활용하는 방법을 습득하게 된다. 학생들의 작품을 온라인에 모아 전시회를 개최하는 것도 가능하며, 2박3일 정도의 캠프를 계획한다면 첫날 카펫(혹은 손수건)을 디자인한 다음 천에 프린팅할 수 있는 업체에 맡겨 기념품으로 나눠주는 것도 가능하다. 실제로 구글어스로 카펫을 디자인하는 디자이너가 있으며 구글어스의 패턴을 활용한 카펫을 판매하는 사이트도 있다. 활동지 제1회 구글어스 카펫 디자인 대회 참조를 통해 공모전 방식으로 활동을 진행한다.

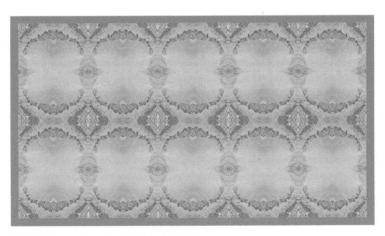

그림 9.2 구글어스 이미지로 만든 카펫 (예시)

제1회 구글어스 카펫 디자인 대회

- **공모자격** : ○○학교 학생이면 누구나
- **심사기준**
  - 페르시안 카펫 특유의 기하학적 대칭 무늬가 잘 드러날 것
  - 표현이 독창적일 것
  - 멋있고 완성도 있는 디자인일 것
- **응모방법** : 카펫 디자인과 함께 작품명, 작가명, 작품의도(디자인을 통해 표현하고자 하는 의도나 관객이 느꼈으면 하는 감정), 위치 정보, 기하학 패턴의 정체(정보)를 제출합니다.

| 제작방법 |

위 카펫을 보면 아래 문양이 여러 번 반복되어 사용되고 있음을 알 수 있다.
- 구글어스를 작동시키고 '빠른 이동' 칸에 33°36'51.09"N 112° 16'57.20"W을 입력해 보자. 이동할 곳은 미국 애리조나주 피닉스시 의 동북쪽이다.
- 이제 필요한 부분만큼 사용할 패턴(이미지)을 저장해야 한다. 적당한 크기로 스케일을 맞추고 파일 → 저장 → 이미지 저장을 선택한다. 화 면을 캡처해 사용할 수도 있다.
- 이미지 저작도구(예, 포토샵 등)에서 저장한 파일을 불러내 모양에 맞 춰 붙여보자. 포토샵을 이용한다면 이미지 → 이미지 회전(180도 회전, 캔버스 가로로 뒤집기, 캔버스 세로 로 뒤집기) 기능을 통해 이미지를 쉽게 붙일 수 있다.

| 게임 방법 |

공공 빅 데이터 활용

'공간정보웹서비스(geospatial web service)'로 불리는 새로운 인터넷 기반의 웹매핑(web mapping)기술이 등장하게 되면서 더 많은 사용자가 더 쉽게 공간정보에 접속하고 활용할 수 있게 되었다. 데스크톱 컴퓨터에 의존하던 전통적인 방식과 달리 공간정보웹서비스는 웹상에서 공간정보의 접근과 프로세스를 제공한다. 우리나라 통계청(예, 통계지리정보서비스), 국토지리정보원(예, 국토통계지도)과 같은 공공기관, 카카오, 네이버와 같은 민간기업에서도 공간정보웹서비스를 운영하고 있다. 이들이 제공하는 프로세스는 공간정보의 확대와 축소, 길이와 면적의 측정과 같은 단순한 것에서부터 버퍼(buffer) 형성하기, 핫스팟(hotsopts) 검색, 중첩(overlay) 분석 등까지 다양하다. 특히, 이들 사이트는 단순히 지표면에 대한 기초적인 정보(예, 고도, 도로, 토지이용 등)의 기초정보뿐 아니라 지리교육에서 주로 다루는 이슈를 이해하거나 문제를 해결하는 데 필요한 공간정보를 제공해 주고 있어 중요하다. 가령, 인구지표의 경우 통계청에서 운영하는 통계지리정보서비스에서는 지역별 총인구, 인구밀도, 인구수 변화, 인구이동 등 기초적인 통계에서부터 이슈가 되고 있는 지역별 다문화가구, 1인 가구 현황, 노령화지수, 농가인구의 시기별 변화를 지도나 인구 피라미드를 통해 보여준다. 이외에도 공영자전거 운영 현황, 노지과수(사과, 배, 포도, 복숭아) 재배면적 변화, 무더위 쉼터 현황, 지진발생 분포지역, 농림어업 현황, 치킨점 1개당 인구수, 무더위 쉼터 현황, 지진발생 분포지역, 어린이 및 노인 교통사고 발생 현황, 인구 천명당 범죄발생 건수, 20~30대 1인 가구 여성 인구와 치안시설 분포 현황 등 지리교육의 내용과 관련 있는 다양한 정보들을 제공하고 있다(표 10.1)

표 10.1 공간정보웹서비스의 사례와 조사 가능한 질문

공간정보웹서비스	설명	지리적 주제 및 질문
통계지리정보서비스 sgis.kostat.go.kr	국토와 관련된 다양한 정보들(예, 인구사회, 토지주택, 생활복지, 국토인프라, 환경 등 180개 지표)을 주제도를 포함한 다양한 형태의 시각화	• 인구변화(다문화가구가 많은 지역은? 1인 가구가 많이 분포하는 곳은? 노령화 지수가 높은 곳은?) • 주거와 교통(지역별 공영자전거 보유 대수와 대여실적은 얼마일까?) 복지문화(행정구역별 교육, 의료, 복지시설 수는?) • 노동과 경제(지역별 농림어업, 제조업 종사자 수는?) • 시도별 인구 피라미드는 어떤 모습이며, 어떻게 변화할 전망인가?
국토정보플랫폼 국토정보맵 map.ngii.go.kr/ms/map/ NlipMap.do	국토지리정보원에서 운영하는 사이트로 우리 국토의 인구, 건물, 토지 등 200개의 국토지표에 대한 공간정보, 격자단위 통계와 지도, 수치지도와 항공사진 제공	• 인구(지역별 총인구, 유소년인구, 생산가능 인구, 고령인구는?) • 토지(지역별 공시지가가 높은 곳은 어디일까?) • 국토지표(응급의료시설 서비스 권역 이외 지역에 거주하는 주민들을 얼마나 많을까? 지역별 유치원, 노인복지시설, 도서관의 수는?) • 북한지역 주요지점에 대한 위치검색 및 시계열 영상 정보(북한의 신의주 접경지역은 1990년, 2000년, 2010년 어떻게 변화했을까?)
우리마을가게 상권분석 서비스 golmok.seoul.go.kr/main.do	서울시의 지역별 상권정보(예, 업종, 매출, 인구분석, 창업위험도 등) 제공	• 서울 지역에서 뜨는 상권, 뜨는 동네는 어디일까? • 치킨집 혹은 카페를 창업하려면 어디가 좋을까?

새로운 사회 수업의 발견

국토연구원 생활인프라 결핍지수 interactive.krihs.re.kr/ interactive/ multipleDeprivationIndex	건강, 보육, 교육, 안전, 여가시설 등 일상생활에 필요한 시설들의 공급정도와 접근 용이성을 분석하여 지역별 상대적 결핍 정도 제시	• 우리 지역에서 가장 부족한 생활 SOC는 무엇일까?
생활안전정보 서비스 www.safemap.go.kr	6대 분야(재난, 치안, 교통, 보건, 생활, 시설) 134종의 지도 서비스 제공	• 전국에서 가장 안전한 지역은 어디인가?(교통사고, 화재, 범죄, 생활안전, 자살, 감염병 기준) • 가장 가까운 무더위 쉼터는 어디일까?
농식품 팜맵 서비스 agis.epis.or.kr/ASD/main/ intro.do	항공, 위성영상을 기반으로 실제 농경지의 면적과 속성(논, 밭, 과수, 시설) 정보를 제공하며, 농림축산식품부에서 운영	• 우리 지역의 농경지는 주로 어떤 방식(논, 밭, 과수, 시설)으로 활용되고 있을까? • 전국의 마늘 재배면적을 어떻게 산출할 수 있을까?
홍수위험지도 정보시스템 floodmap.go.kr/public/ publicIntro.do	환경부에서 제공하는 홍수 관련 정보 시스템으로 100년 빈도의 홍수가 발생했을 시 침수범위와 깊이를 범위를 등급으로 제시	• 우리 지역은 홍수(100년 만의 홍수)로부터 얼마나 안전한가? 위험한 지역은 어디인가? 위험한 지역은 왜 위험할까?
산사태 정보시스템 sansatai.forest.go.kr/gis/ main.do#mhms0	산사태에 영향을 미치는 9개 인자들을(예, 숲의 모습, 사면경사, 기반암, 지형의 습윤 정도 등) 종합하여 산사태 발생 확률을 지도에 표시	• 우리 지역은 산사태 위험으로부터 얼마나 안전한가?

　　공간정보웹서비스는 사용하기 쉽고, 전문가의 도움 없이도 수준 높은 결과물을 만들어낼 수 있어 교육적 활용 가능성이 높은 것으로 평가되었다. 실제 2000년대 중반 이후 국내외에서 공간정보웹서비스를 활용한 교수학습자료의 개발과 적용사례들이 발표되고 있다. ESRI에서 개발한 GeoInquiries는 공간정보웹서비스를 활용한 대표적인 교수학습자료이다(ESRI.com). ArcGIS Online 프로그램을 토대로 운영되는 상호작용 지도를 활용해 학생들은 질문하기(Ask), 데이터 찾기(Acquire), 탐색하기(Explore), 분석하기(Analyze), 행동하기(Act)의 탐구단계를 따라 주제를 이해하거나 문제를 해결하는 방식이다. 가령, 인문지리 과목에서는 세계화, 세계인구, 미국인구, 지명 이슈, 언

어와 종교, 신성한 장소, 이주와 경계, 농업과 농촌경관, 농업패턴, 인간개발지수, 개발 수준 비교, 도시 분포와 밀도 등의 주제를 다루고 있으며, 지리과목뿐 아니라 문학, 지구과학, 환경, 수학, 역사 등 다양한 과목의 콘텐츠를 개발한 특징이 있다(ESRI.com).

최근에는 공공 데이터와 빅 데이터와 같은 과거와는 다른 유형의 데이터가 증가하고 있다. 공공 데이터(open data)란 공공기관이 생성하거나 관리하고 있는 자료 또는 정보를 말하며, 기관이 업무를 수행하며 만들어낸 다양한 형태(텍스트, 수치, 이미지, 동영상, 오디오 등)의 모든 데이터를 의미한다. 예를 들어, 공공자전거, 장애인 콜택시, 교통안전시설물, 환경 분야의 소음측정, 수질측정, 주택 건설 분야의 아파트 관리비, 일반 행정 분야의 시민참여 예산 등이 공공 데이터에 포함된다. 최근 우리나라에서는 이들 데이터를 '공공데이터 포털(www.data.go.kr/)'에 모아 파일데이터, 오픈API, 시각화 등 다양한 방식으로 제공하고 있다(표 10.2). 중앙정부, 지자체, 공공기관에서는 자신들이 공개하는 공공 데이터가 더 많이 활용하기를 기대하고 있으며, 사회 구성원들은 공공 데이터의 활용을 통해 '사회에 참여한다' 혹은 '사회를 개선한다'는 인식(empowerment)을 기를 수 있고, 궁극적으로 그 사회의 민주주의 발전에도 기여할 수 있다.

표 10.2 공공 빅 데이터 포털의 예시와 다룰 수 있는 주제 및 질문

공공 빅 데이터	설명	지리적 주제 및 질문
공공데이터포털 www.data.go.kr/	공공기관이 생성 또는 취득하여 관리하고 있는 공공데이터를 한 곳에서 제공하는 통합 창구이다. 교통사고, 문화관광, 교통물류, 공공행정, 사회복지, 고용, 교육, 농축산, 보건의료, 환경기상, 재난안전, 국토관리 분야의 공공데이터를 파일데이터, 오픈API, 시각화 등 다양한 방식으로 제공	• 지역별로 어떤 재난문자가 발송되고 있을까? • 교통사고 다발지역은 어디이며, 어떤 특징이 있을까? • 우리나라에서 현재 채용정보(공고)가 가장 많은 지역은 어디일까? • 우리나라에서 에너지를 가장 많이 사용하고, 온실가스를 많이 배출하는 지역은 어디일까? • 지반침하사고(싱크홀)가 발생한 지역은 어디일까? 카르스트 지형과 관련 있을까?

유동인구지도서비스 data.kostat.go.kr/sbchome/ index.do#	SKT에서 제공한 이동통신 정보를 이용하여 지역 간 인구이동 데이터를 지도 형태로 제공	• 세종시 주민들은 주말에 어느 지역으로 주로 이동할까? • 평일 강남으로 유입되는 사람들은 주로 어디에서 왔을까?
한국관광 데이터 랩 datalab.visitkorea.or.kr	이동통신, 신용카드, 내비게이션, 관광통계, 조사연구 등 다양한 관광 빅 데이터 및 융합분석 서비스를 제공하며, 한국관광공사에서 운영	• 얼마나 많은 관광객들이 우리 지역을 방문할까? 우리지역을 방문하는 관광객들은 어디에 가장 많은 돈을 쓰고 있을까?(식음료, 여가서비스, 숙박 등) • 관광객들이 찾는 우리 지역의 핫 플레이스(주요 목적지)는 어디일까?
교통카드빅데이터 통합정보시스템 www.stcis.go.kr/wps/main.do	교통카드 빅 데이터를 활용해 정류장별, 노선별, 시간대별, 요일별 대중교통 이용량 데이터를 제공하며, 한국교통안전공단에서 운영	• 우리 지역에서 대중교통을 가장 많이 이용하는 요일과 시간대는 언제일까? • 통행량이 가장 많은 시간대는 언제일까? • 우리 지역의 최다 환승정류장은 어디일까?
기상청 기상자료개방포털 data.kma.go.kr/cmmn/ main.do	지상, 해양, 대기고층, 항공관측, 레이더 등 30종류의 날씨 데이터와 기온, 강수량, 장마일수, 황사일수, 폭염일수 등 100년 이상의 기후통계를 제공	• 우리 지역에서 30년 평균값의 폭염, 한파 등 자연재해는 며칠 정도 발생하는가? • 우리나라의 연평균기온은 상승하고 있는가?
썸트랜드 some.co.kr/	지역, 현상, 이슈에 대한 사람들의 생각을 빅데이터(예, 소셜데이터, 블로그, 트위트, 뉴스 등) 분석을 통해 제공	• 사람들은 '전주한옥마을'에 대해 어떻게 생각할까?(긍부정 평가) • 사람들은 '지방'과 '로컬'을 어떻게 인식하고 있으며, 두 개념은 어떻게 연관되어 있을까? 인식하고 있을까?

　　빅 데이터(big data)란 디지털 환경에서 생성되는 데이터로 그 규모가 방대하고, 생성 주기도 짧고, 형태도 수치 데이터뿐 아니라 문자와 영상 데이터를 포함하는 대규모 데이터를 말한다. 디지털 전환을 거치면서 사람들은 이전과 다른 유형의 기기를 활용해 다른 방식으로 의사소통하면서 자신도 모르게 수많은 데이터를 생성하고 있다.

예를 들어, 소셜 미디어에 게시글, 댓글, 이미지를 올리거나 검색하는 과정에서, 혹은 유튜브(YouTube) 동영상을 시청하는 동안에도 모든 데이터는 기록되며, CCTV나 자동차 내비게이션 등 사물인터넷(IoT)에 장착된 센서를 통해 방대한 데이터가 자동으로 생성되기도 한다. 전자상거래의 거래 내역 또한 빅 데이터의 중요한 부분을 차지하고 있다. 기업과 정부에서는 빅 데이터를 활용해 고객의 행동을 예측해 대응하거나 위기 상황에 대응하기도 한다. 가령, 구글(Google)은 독감과 관련된 검색어 빈도를 분석해 독감 환자 수와 유행 지역을 예측하는 독감 동향 서비스를 개발했다(google.org/flutrends). 이는 미 질병통제본부(CDC)보다 예측력이 뛰어난 것으로 밝혀졌다. 서울시의 경우 심야버스 노선을 결정하면서 매일 자정부터 05시까지 이용된 이동 통신사 통화량 데이터를 활용하기도 했다. 빅 데이터를 활용할 경우 과거와 다른 방식의 문제해결을 가능하게 하는 장점이 있지만 데이터의 양이 방대하고 종류가 달라 기존과는 다른 방식의 분석과 시각화 방법이 요구되기도 한다.

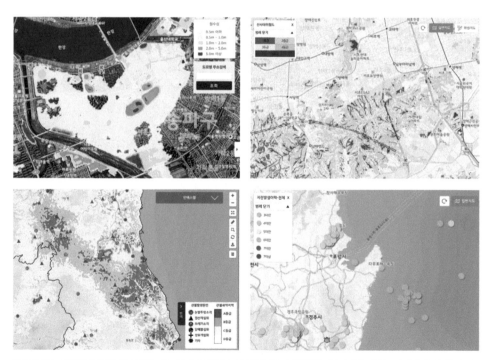

그림 10.1 하천홍수위험지도(왼쪽 위), 산사태 위험도(오른쪽 위), 산불위험지수(왼쪽 아래), 지진발생이력(오른쪽 아래) 예시

새로운 사회 수업의 발견

내가 살고 있는 지역에는 어떤 자연재해가 발생할까?

아래 데이터를 조사하고 표를 완성해 보자.

● 환경부 홍수위험지도 정보시스템: 하천범람지도
● 행정안전부 생활안전지도: 재난 – 산사태위험도, 지진발생이력
● 산림청 국가산불위험예보시스템: 산불취약지도
● 기상청 기상자료개방포털: 기후통계 분석 – 기상현상일수 – 폭염일수, 한파일수, 폭풍일수

1	홍수 피해로부터 얼마나 안전할까?	1등급	2등급	3등급	4등급	5등급
2	산불 피해로부터 얼마나 안전할까?	A (산불에 취약)	B	C	D	E
3	산사태 피해로부터 얼마나 안전할까?	1등급 (위험)	2등급	3등급	4등급	5등급
4	지진 피해로부터 얼마나 안전할까? – 나의 위치에서 반경 50km 내에 지진이 몇 회 기록되었는가? – 지진의 강도는 얼마인가?	.... 회 　 강도 .... :				
5	지난 한 해 동안 우리 지역에서 폭염은 몇 회 발생했는가? a. 전국 평균 수치와 비교해 보자[지난 10년(2010~2019년) 동안 전국 평균 폭염일수는 10일] b. 우리나라에서 폭염일수가 가장 많이 나타나는 지역은 어디일까?	.... 일/년 (2021년 기준) 폭염일수: 일 최고기온이 33도 이상인 날의 수				
6	지난 한 해 동안 우리 지역에서 한파는 몇 회 발생했는가? a. 전국 평균 수치와 비교해 보자[최근 10년(2008~2017년) 동안 전국 평균 한파일수는 4.3일] b. 우리나라에서 한파가 주로 나타나는 지역은 어디인가? 제주도에도 한파가 나타나는가?	.... 일/년 (2021년 기준) 한파일수: 아침(03:00-09:00) 최저기온이 영하 12도 이하인 날의 수				
7	지난 10년 동안 우리 지역에서 폭풍은 몇 회 있었을까?	.... 회/ 10년(2012~2021년)				

공공 빅 데이터는 소프트웨어에서 수정, 편집할 수 있는 형태(예, CSV, JSON, XML 등)로 존재한다. 일부 데이터의 경우 공간정보웹서비스를 통해 시각화 도구를 함께 제공하고 있다. 가령, 통계지리정보서비스에서는 지하철 승하차 인구, 버스 정류장 정보와 같은 공공 데이터, 생활 안전사고 출동건수, 개인카드 사용금액 현황과 같은 빅 데이터를 시각화 지도를 통해 제공하고 있다. 한국관광데이터랩에서는 개인들이 검색한 내비게이션 목적지, SNS 언급량이 많은 지역, 지역 맛집 등의 빅 데이터를 확인할 수 있다. 통계청과 SK텔레콤에서 제공하는 모바일 유동인구지도를 활용하면 지역별 인구 유입 및 유출 현황을 지도화하는 것이 가능하다.

내가 살고 있는 지역에는 어떤 자연재해가 발생할까? 활동은 자연재해 관련 정보를 제공해 주는 공간정보웹서비스를 분석해 우리 지역에서 주의해야 하고 대응이 필요한 자연재해를 파악하는 과제이다. 이 활동에서는 하천범람지도, 산사태위험도, 지진발생 이력, 산불취약지도, 폭염일수, 한파일수, 폭풍일수를 검색, 분석, 평가한다.

위 보고서 작성 후 '우리나라에서 주로 발생하는 재해와 우리 지역에서 발생하는 재해의 유형은 비슷한가?', '우리지역에서 가장 주의/경계가 필요한 자연재해는 무엇인가?', '우리지역의 자연재해 보고서 작성을 위해 어떤 데이터가 추가적으로 필요할

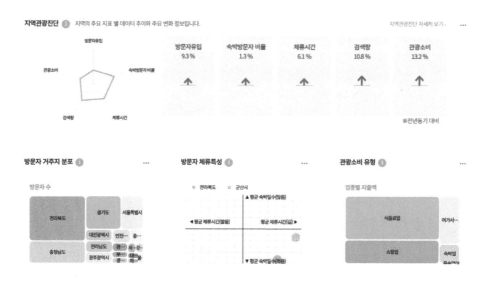

그림 10.2 한국관광데이터랩 분석 결과

새로운 사회 수업의 발견

까?'와 같은 질문을 추가적으로 생각해 볼 수 있다.

우리 지역을 방문한 사람들은 어디서 왔을까? 활동은 자신이 거주하는 지역을 대상으로 관광지로서의 장점과 단점, 잠재성을 평가하기 위한 활동이다. 학생들은 한국관광데이터랩(datalab.visitkorea.or.kr)을 방문해 필요한 데이터를 수집, 분석하고, 자신들이 모델로 삼고자 하는 지역과 비교하는 할 수도 있다. 이 사이트의 경우 방문객들의 신용카드 데이터, 자동차 내비게이션 검색 데이터 등 빅 데이터 분석 결과를 제공해 주어 기존과는 다른 방식으로 문제를 접근할 수 있도록 도와주는 특징이 있다.

우리 지역을 방문한 사람들은 어디서 왔을까?

조사지역: 전북 군산시(예시)	
얼마나 많은 사람이 우리 지역을 방문할까?	• 월평균 방문자는 몇 명인가? • 일 년 중 언제 방문객이 가장 많은가? 이유가 있을까? • 지난 몇 년간 방문객의 숫자는 증가했는가? • 방문객들은 얼마나 오래 머무는가?
어디에서 왔을까?	• 가장 많이 방문하는 대상은(성별과 연령대 기준)? • 주로 어디에서 오는가? • 방문객 중에서 우리 지역이 속한 '도'(예, 군산시의 경우 전라북도)의 비율은 얼마인가? • 우리 지역을 방문하기 전에 방문하는 곳은 어디일까? • 방문객이 어디에서 왔는지 어떻게 알 수 있을까?
어디에서, 무엇을 할까?	• 방문객은 어디에 돈을 쓰는가? 이 데이터는 어떻게 구할 수 있었을까? • 사람들이 찾는 인기 관광지는 어디일까? 이 데이터는 어떻게 구할 수 있었을까? • 방문객이 방문하는 지역 맛집을 확인해 보자. 얼마나 동의할 수 있는가? • 현지인과 외지인이 방문하는 맛집은 동일한가? 다르다면 이유는 무엇일까?
따라 할 만한 지역은 어디일까? 비교해 보자	• 따라 하고 싶은 도시가 있는가? '비교지역 설정'을 통해 우리 지역(예, 군산)과 관심 지역(예, 전주)을 비교해 보자. 어떤 차이점이 있는가? 평균 숙박일 수가 많다. 방문자 수, SNS 언급량이 많다.

1) 출처: 2018년 AQA 영국 중등학교 졸업시험(GCSE) 지리문항

2) 〈평가요소 및 기준〉

1번: 100명의 보행자를 보여주는 등치선을 완성할 수 있다면 1점을 부여한다. 선은 반드시 93, 95의 오른쪽에 그리고 107, 106, 117의 왼쪽을 지나야 한다.

2번: 다음의 기술들이 포함된다면 점수를 부여할 수 있다. Oxford Street와 Regent Street가 교차하는 지점에 가장 많은 보행자가 관찰된다.(1점) 많은 보행자가 Oxford Street의 동-서 방향에서 관찰된다.(1점) Oxford Street와 Regent Street가 교차하는 지점에 멀어질수록 보행자들의 숫자는 400~200명 수준으로 규칙적으로 감소한다.(1점) 제시된 정답 이외에 패턴을 명확하게 기술하고 있다면 점수를 부여할 수 있다. 하지만 단순히 숫자를 제시하거나 비교하는 방식에는 점수를 부여하지 않는다.

3번: 한 가지 대안만 제시하면 된다. 예를 들어, 유선도, 도형표현도, 막대그래프 등을 제시할 수 있다. 다만 이들의 경우 정확한 위치에 표현되어야 한다.

4번: 정확성과 관련된 진술은 정답으로 간주한다. 간단한 정답(예, 일부 학생들이 5분의 관찰시간을 지키지 않았을 수 있다. 일부 학생들은 다른 학생들보다 먼저 혹은 늦게 보행자 숫자 세는 것을 시작했을 수 있다. 보행자를 놓치거나 두 번 세는 등 보행자 숫자가 정확하지 않을 수 있다)을 2개 제시하거나 간단한 수준의 정답을 보다 정교하게 진술했다면 2점을 제시할 수 있다.

3) 에티오피아는 6,000MW의 전력을 생산할 수 있는 그랜드 에티오피아 르네상스 댐을 건설 중이다. 공사는 2011년 시작되었으며 2017년 현재 60% 완공되었다. 댐이 완공될 경우 아프리카에서는 가장 큰 수력발전용 댐이며 세계적으로는 일곱 번째로 큰 댐이 된다. 이집트는 댐 건설이 나일강 하류로 유입되는 수량의 감소를 가져올 것이라며 주변국들과 함께 댐 건설을 저지하려 했지만 수단을 포함한 나일강 유역 국가들이 에티오피아의 댐 건설을 지지하였다. 그랜드 에티오피아 르네상스 댐은 전력 생산이 주목적이며, 에티오피아는 주변국으로의 전력 수출을 계획하고 있다. 댐 건설이 시작된 이후 이집트는 그랜드 밀레니엄 댐 건설 자체를 반대하는 입장에서는 물러섰다. 다만 건설이 나일강 하류에 미치는 영향에 대해서는 에티오피아와 첨예하게 대립하고 있다. 댐이 완공되고 얼마나 빠른 속도로 댐에 물을 가두느냐에 따라 하류 지역에 미치는 영향은 크게 달라진다. 그랜드 밀레니엄 댐에 가둘 수 있는 물의 양은 이집트와 수단이 1년간 사용하는 나일강 물의 양보다 많다. 에티오피아는 빠른 시간 내에 발전을 시작하고 싶어 하지만 이집트는 15년에 걸쳐 물을 저장할 것을 주장하고 있다. 카이로 대학에서 발표한 보고서에 따르면, 3년 만에 댐에 물을 채울 경우 이집트 농지의 50%는 황무지로 변하게 된다.

4) 1. 수단 2. 우간다 3. 이 지역은 대체로 인구수가 많고 인구증가율이 높은 특징이 있다. 이집트를 제외한 대부분 국가는 1인당 국내총생산은 $3,000에 미치지 못하며 하루에 $1 미만으로 생활하는 빈곤층의 비율이 낮게는 20%에서 많게는 70%까지 상당히 높은 편이다. 앞으로도 계속해서 인구는 빠른 속도로 증가할 것으로 예상된다. 4. 2010년 기준으로 물기근국가는 이집트, 케냐, 르완다, 부룬디이며, 2025년을 기준으로 하면 에티오피아가 추가된다. ※ 1인당 연간 물 이용 가능량이 500m³ 이하일 경우 절대적 물 기근 국가로 분류하기도 하는데 2025년의 경우 케냐, 르완다, 부룬디가 이에 해당한다.

5.

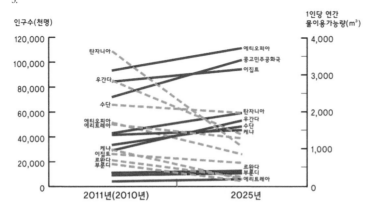

5-1. 대체로 1인당 물이용 가능량은 감소하고 인구는 증가한다.

새로운 사회 수업의 발견

민족	인구 비율	종교	언어
싱할라족	75%	대부분 불교	싱할라어 (일부 타밀어 가능)
타밀족	15%	대부분 힌두교	타밀어 (다수 싱할라어 가능)
무어족	9%	대부분 이슬람교	타밀어 (일부 싱할라어 및 영어 가능)

6) 제철소에서는 고로(용광로)에 철광석과 석탄을 넣어 쇳물을 만든 다음 철을 생산한다. 석탄이 연소되면서 이산화탄소가 배출된다. 철강 1톤을 생산할 때마다 이산화탄소 2톤 정도가 발생하는 것으로 알려졌다. 제철산업에서 탄소배출을 줄이기 위한 방법으로는 철 생산 과정에서 석탄 대신 다른 물질(예, 수소)을 활용하는 것이다. 한편, 현대제철은 포스코에 비해 탄소배출량이 현저히 적다. 현대제철은 철광석 대신 폐고철을 전기로에서 녹이는 방식으로 철을 생산하기 때문에 탄소배출량은 적다. 하지만 전기로를 사용하기 때문에 전력을 많이 소비하는 특징이 있다. 시멘트를 생산하기 위해서는 주원료인 석회석을 1,500도 이상의 고온에서 가열해야 한다. 이때 석탄(유연탄)을 주로 연료로 사용한다. 시멘트 산업에서 탄소배출을 줄이기 위해 석탄 대신 다른 연료를 활용하거나 시멘트 제조과정에서 발생하는 이산화탄소를 공기 중으로 퍼지지 않도록 포집(잡아두는)하는 방법을 고민하고 있다. 정유 및 석유화학 산업의 원료인 원유는 탄소와 수소가 주성분이다. 원유를 정제하는 과정에서 모든 탄소가 제품으로 변환되는 것은 아니며 일부는 사용되지 않고 가스로 존재하거나 버려지게 된다. 이 과정에서 탄소가 공기 중으로 배출된다. 제철소나 시멘트 공장에서는 원료(석탄)의 직접적인 연소를 통해 탄소가 발생했다면 반도체나 LCD 산업의 경우 생산 공정에서 탄소가 발생하는 특징이 있다. 반도체와 디스플레이를 만드는 다양한 공정 중에서 가령, 깨끗하게 씻거나, 부식시키거나, 표면에 얇은 막을 형성하는 과정들에 온실가스의 일종인 불소 화합물이 사용된다.

7) 차례대로 우랄산맥, 인구수, 바람, 미시시피강이 정답이다.

8) 학교에서 사용할 만한 수준의 미세먼지 측정기는 5만원 내외에서 구입이 가능하다.

9) 원래 좁은 범위의 지역에서 미세먼지 농도는 큰 차이를 보이지 않는다.

10) 구글 계정을 만든 다음 maps.google.com → 메뉴(≡) → 내 장소 → 지도 → 지도 만들기를 선택한다. 제목 없는 레이어의 오른편에 있는 : 을 선택한 후 데이터 표 열기를 선택한다. 테이블의 설명에 오른편에 위치한 역삼각형 모양의 기호를 선택하면 열을 추가할 수 있다(뒤에 열 삽입). 새 열의 이름은 'PM10'로 정하고 유형은 '숫자'로 지정한 다음 추가를 누른다. 같은 방법으로 PM2.5를 입력할 열도 추가할 수 있다. PM2.5 이외에 측정시각(날짜/시간), 측정 지점의 특징(텍스트), 측정자(텍스트) 등 필요한 열을 추가한다. 구글맵으로 돌아와 물방울 모양의 심벌(📍)을 선택한 후 측정지점에 두고 클릭하면 측정값을 입력할 수 있다. 공동으로 작업하거나 스마트폰에서 작업하려면 '공유'해야 한다. 구글 계정을 만들어 학생들과 공유한다면 하나의 계정으로 모든 학생이 공동의 지도를 만드는 것이 가능하다.

2
탐구 기반의
야외 조사

01

증거 찾기

학교에서 야외 답사를 계획할 때 가장 쉽게 생각할 수 있는 방식은 교사가 어디를 방문할 것인지 결정하고, 그곳에서 무엇을 보아야 하는지, 그리고 그것이 왜 중요한지를 학생들에게 설명하는 것이다. 이때 학생의 역할은 교사의 설명을 듣고, 질문에 답하거나, 필요할 경우 필기를 하고 사진을 찍는 것이다. 이러한 방식을 교사 주도의 설명식 답사라고 일컫는다. 교사의 지역에 대한 깊이 있는 이해와 탁월한 설명 능력이 합쳐졌을 때 설명식 답사는 성과를 기대할 수 있다. 많은 학생이 동시에 참여할 수 있어 학교에서는 선호하는 방식이지만 교사 개인의 능력에 따라 성패가 좌우되고, 또 대부분의 시간 동안 학생들이 수동적으로 남는 부분은 문제점으로 지적된다.

야외 답사가 학교 교육과정의 필수 요소는 아니기 때문에 답사 준비와 지도를 위한 충분한 시간을 확보하기 어렵고, 교사들도 탐구 기반의 야외 답사를 경험해 보지 않아 어떻게 계획하고 지도해야 하는지 막막한 것도 사실이다. 탐구 기반 야외 조사활동의 전 과정을 계획하고 수행하기 어렵다면 야외 조사에서 '탐구적 요소'를 추가할 수 있다. 학생들이 수동적으로 교사의 설명과 지시를 따르게 하기보다는 현장에서 학생들이 수행해야 할 간단한 미션(과제)을 준비하는 방식으로 야외 조사는 훨씬 역동적이

그림 2.1 **강화 성공회 성당(전면, 측면)**
전통적인 한옥의 구조와 달리 측면에 입구를 만들었다.

며 탐구적인 방식이 될 수 있다. 이때 학생들이 수행하는 과제는 질문에 대한 답변의
형식이어야 하고, 학생들은 과제를 수행하면서 지역에 대한 이해가 향상될 수 있어야
한다. 이러한 방식을 간단하게 '증거 찾기'라 할 수 있다. 예를 들어, 한옥 모습의 강화
도 성공회 성당을 관찰하며 당시의 역사적 모습, 건축에 숨겨진 의미, 강화에 입지하게
된 배경 등을 이해하는 것이 가능하다 강화 성공회 성당의 비밀을 해독해 보자! **참조**. 강화 성공회 성당은
1900년에 완공되었으며, 서울의 명동성당과 같은 시기에 지어졌을 만큼 오래된 성당
이다. 활동지는 학생들이 성공회 성당을 돌아다니며 금방 해결할 수 있는 수준이고(15
분 정도면 활동시간으로 충분할 것이다), 활동이 끝나면 다 함께 학생들이 찾아낸 정답을
맞춰 볼 수 있다.

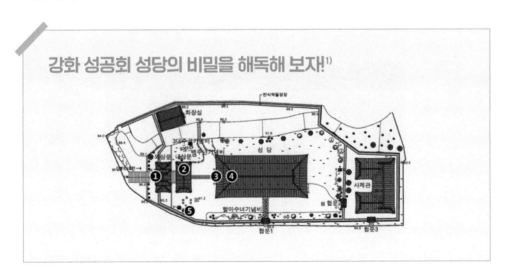

강화 성공회 성당의 비밀을 해독해 보자![1]

1 지점 ❶(외삼문)에는 _____ 모습의 문양을 볼 수 있다.

2 지점 ❷(내삼문)의 종루에는 범종이 걸려 있는데 불교 사찰에서 볼 수 있는 종과 모양이 유사했다. 그런데 종의 표면에는 _____ 이 새겨져 있다.

3 외삼문, 내삼문을 통과해서 성당(본당)에 이르는 방식은 불교 사찰의 '일주문'과 '천왕문'을 통과해서 대웅전에 이르는 방식과 유사하다.

4 지점 ❸(본당 정면)의 다섯 개의 정면 기둥에는 "無始無終先作形聲眞主宰"(뜻: 처음도 끝도 없고 형태와 소리를 처음 지으신 분이 진정한 주재자시다), "宣仁宣義聿照拯濟大權衡"(뜻: 인을 선포하고 의를 선포하여 드디어 구원을 밝히시니 큰 저울이시다)와 같은 글귀가 한자로 적혀 있다. 뜻을 보니 유교 경전과 _____ 구절을 조합했음을 알 수 있다.

5 지점 ❹ 본당 지붕 위 십자가의 형태는 일반적인 교회 십자가의 모습과 달리 _____ 이는 십자가를 최대한 '만(卍)'과 비슷하게 보이게 하여 십자가에 대한 거부감을 가지지 않게 하려 한 노력으로 보인다.

6 지점 ❺에는 100년이 넘은 보리수가 있다. 보리수는 종교적으로 _____ 를 상징하는데 성당 내부에 심은 걸 보면 토착화의 노력을 알 수 있다.

7 강화성당은 주변에 비해 솟아오른 언덕에 위치해 있다. 멀리서 보면 바다 위의 배와 같다는 느낌을 주는데 이는 기독교에서 말하는 _____ 를 연상시켰다.

새로운 사회 수업의 발견

강화도의 간척은 역사적·지리적으로 강화도를 이해하는 중요한 주제가 된다. 지금은 강화역사박물관으로 옮겨진 선두포 비석을 소재로 강화도 간척을 탐정놀이하듯 이해할 수 있다. 선두포 비석의 비밀은 실제 야외에서 수행할 필요는 없으며 강화도의 간척과 관련된 도입활동으로 적절하다.

선두포 비석의 비밀[2)]

강화도의 '선두포'라는 동네를 걷다가 ❶지점에서 오래된 비석들을 보았다. 비석의 유래를 적은 안내문에는 다음과 같이 적혀 있었다.

"선두포언(船頭浦堰)의 건설을 기념하기 위해 세운 비석으로 1706년 강화유수 민진원이 왕명을 받아 선두포언을 완공하고, 공사과정과 결과, 참여한 사람들의 명단을 새겨 놓은 것으로… "

언(堰)이라면 물이 들어오는 것을 막기 위해 쌓은 '둑(제방)'을 말하는데 … 사진 어디를 둘러보아도 둑은 보이지 않는다. 비석을 옮겨온 것일까? 민진원이 왕명을 받아 쌓았다는 둑은 어디에 있는 것일까? 사진과 아래 지도를 통해 선두포언의 비밀을 파헤쳐보자.

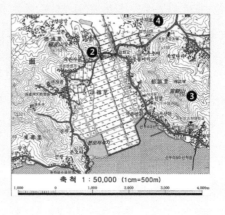

축척 1 : 50,000 (1cm=500m)

왜 중국인들은 대림동으로 모일까?는 서울 대림동에 중국 국적의 외국인들이 몰려들게 되는 이유를 조사하는 활동이다. 직접 주민들에게 대림동에 정착하게 된 이유를 직접 물어보는 대신 사전활동을 통해 대림동에 정착한 이유를 파악하고, 지역의 경관 속에서 이유의 증거를 찾는 활동이다. 즉, '다른 지역에 비해 직업을 구하기 쉽다'면 대림동을 방문해서 '직업소개소'를 찾아 사진을 찍으면 된다. 사전활동으로 대림동 관련 동영상(예, "EBS 다큐 시선(2019)-대림역 12번 출구" 등)을 볼 수 있다. 동영상을 시청하기 전 학생들에게 왜 중국 국적의 외국인들이 대림동에 정착하는지 이유를 주의 깊게 관찰하도록 하고, 동영상 시청이 끝나면 학생들이 찾은 이유를 발표하고 공유한다. 학생들에게 야외 답사에서 사용할 워크시트를 나눠주고 만일 각각의 이유를 보여줄 수 있는 사진을 찍는다면 어떤 사진을 찍을 수 있을 것인지 생각해 보도록 한다. 이때 학생들에게 나눠주는 활동지(워크시트)에는 학생들이 찾아야 하는 사진들 2~3장을 예시로 넣어준다면 과제를 수행하는 데 큰 도움이 된다. 즉, 학생들이 대림동에 도착하기 전 자신들이 수행할 과제의 내용을 정확하게 이해하고 있는 것이 중요하다. 활동을 시작하기 전 학생들이 흔히 저지르게 되는 실수를 알려주거나 어려워하는 문제들의 경우 힌트를 제공하는 것도 좋다. 만일 학생들이 이러한 유형의 과제에 익숙하지 않다면 처음 한두 문제를 전체가 함께 풀어보고 본격적으로 시작하는 것도 좋은 방법이다. 워크시트 활동을 모두 끝마쳤다면 학생들과 이 활동에 대해 이야기할 필요가 있다. 각자가 수집한 정답을 발표하고 비교할 수 있으며, 조사과정에서 확실하지 않았던 부분들을 질문하게 할 수 있다. 또한, 조사과정에서 새롭게 알게 된 내용이나 수업시간에 배운 내용과 연결되는 부분이 있는지 물어볼 수 있다.

이 활동은 대림동 이외의 외국인 집단 거주지역(예, 이태원 이슬람거리, 안산 원곡동 등)에서 진행할 수 있다. 비슷한 성격의 두 지역을 비교하는 것도 좋은 방법이 된다. 즉, 이태원과 대림동 차이나타운에서 동시에 관찰할 수 있는 경관(기능)을 찾는 방식으로 진행할 수 있다. 한편, 대림동에서 사진을 찍을 때 각별한 주의가 필요하다. 학생들은 과제에 집중한 나머지 별생각 없이 길거리의 사람들이나 상점에서 일하는 주민들의 사진을 찍기도 한다. 거리를 지나는 사람들의 사진을 찍지 않도록 지도하며, 가게의 내부를 찍을 경우 반드시 허락을 구하도록 한다. 학생들에게 몇몇 학생들이 몰려다니며 신기하다는 듯이 자신의 사진을 찍는다면 기분이 어떨지 물어보자. 대림역 12번 출구(집결)-대림2동 주민센터-대림파출소-다드림 문화복합센터-대림 중앙시장-주거지역 순서로 활동을 진행할 수 있다.

답사 워크시트는 야외에서 학생들이 수행해야 할 과제(활동)를 안내한 자료이다. 교사의 설명을 통해 이해해야 할 내용을 학생의 활동을 통해 파악할 수 있도록 제작된 과제라 할 수 있다. 교실활동에서의 활동지와 차이점이 있다면 학생들이 방문하게 될 야외의 환경을 고려해 제작된다는 점이다. 즉, 답사를 위한 워크시트에는 해당 지역에서만 해결 가능한 문제(과제)들이 제시된다. 활동지를 활용할 경우 몇 가지 장점을 기대할 수 있다. 우선, 학생들에게 참여할 수 있는 기회를 주는 것이 가장 큰 장점이다. 또한, 개인별 혹은 소그룹으로 진행되는 답사에 비해 더 많은 수의 학생이 동시에 참여하는 것이 가능하다. 한국의 학교교육 상황을 고려한다면 이는 분명히 장점이 된다. 일단 워크시트를 잘 만들어 둔다면 계속해서 사용할 수 있는 것도 장점이다.

왜 중국인들은 대림동으로 모일까?

구분	설명	증거 사진
주거	• 먼저 대림동에 정착한 자신의 친족 및 지인들과 동거함으로써 대림동 이주가 시작된다. • 대림동의 부동산은 중국 국적인에게 특화된 서비스(예, 저렴한 월세, 전세, 자가주택 등)를 제공할 수 있다.	
노동	• 자영업을 하는 중국 국적인은 동족을 종업원으로 고용하기 쉽다. • 대림동에 거주함으로써 친족과 지인들로부터 구직 기회를 제공 받기 쉽다. • 대림동의 직업소개소는 급하게 구직하려는 중국 국적인에게 일 자리를 제공해 준다.	
식품/ 생활	• 대림동의 중국 식료품점과 중앙시장은 중국 국적인에게 중국식 품을 제공해 준다. • 대림동의 통신 및 개인서비스(예, 택배)는 중국 국적인의 일상생 활에 편의를 제공한다. • 대림동의 ○○은행 중국인 전용 창구는 본국 송금을 지원함으로 써 초국가적 활동에 기여한다.	
교육	• 영등포 글로벌 빌리지 센터는 중국 국적인의 국내 취업과 귀화 를 위한 한국어 교육을 제공한다. • 대림동의 전문기술학원은 체류자격을 향상하여 더 좋은 직업을 알아볼 수 있도록 도와준다.	
여가	• 대림동의 노래방, 당구장, 뷰티샵은 중국 국적인 부모 세대에게 일상으로 복귀할 활력을 제공한다. • 대림동의 PC방은 중국 국적인 자녀 세대에게 여가 장소로 기능 한다.	
교통	• 대림동의 전철과 버스는 중국 국적인의 통근과 일상생활에 편의 를 제공한다. • 대림동의 여행사는 중국 국적인의 국내 이주에 필요한 행정업무 를 대행함으로써 그들의 대림동 거주를 유도한다.	
공동체	• 대림동의 이주민 공동체는 중국 국적인의 대림동 생활과 거주에 편의를 제공한다. • 대림동의 교회는 중국 국적인의 주요 교류장소로 기능함과 동시 에 중국 둥베이 지역에 대한 선교를 함으로써 중국 국적인의 대 림동 이주에 기여한다.	

지역 변화 조사

지역 변화는 야외 조사 활동을 통해 조사하기 좋은 주제이다. 최근에 급격한 변화를 경험한 지역일수록 조사 주제를 찾기 쉬울 뿐 아니라 이런 주제들이 사회적으로 이슈가 되었을 가능성이 높다. 예를 들어, 폐광으로 낙후된 지역에 카지노가 들어섰거나 지역경제에서 차지하는 비중이 큰 산업이 문을 닫게 되었거나, 지역을 외부와 연결하는 새로운 교통수단이 생겨났거나(예, 섬을 연결하는 다리가 생겨난 경우), 아니면 관광산업이 발달하면서 지역의 성격이 급격하게 변화된 지역들을 선택할 수 있다. 지역의 변화는 길거리에서 마주하는 경관, 지역에서 거주하는 사람들의 기억, 옛날 사진이나 통계자료 등에 저장되어 있다. 야외 조사를 통해 지역 변화를 파악하기 위해서는 사전에 어떤 자료를 수집하고 활용할 것인지, 구체적으로 어디를 방문하고 누구를 만날 것인지, 무엇을 관찰하고 무엇을 물어볼 것인지를 결정하고 계획하는 것이 중요하다. 다음은 중등학생들이 지역 변화를 조사하기 위해 활용할 수 있는 몇 가지 방법들이다.

첫째, 지역의 경관에서 지역 변화의 흔적을 찾는다. 예를 들어, 현대화된 골목 사이에서 발견한 적산가옥은 이 지역의 과거 모습을 들여다볼 수 있는 힌트가 된다. 반대로 지역에 새롭게 짓고 있는 건물, 방문하는 사람들의 특성이나 동네 분위기를 관찰함

사진 설명하기(Photo labelling)

많은 건물이 비교적 새 건물들이다. 최근 관광객이 증가했음을 알 수 있다.

서핑. 파도 형상의 조형물들이 지역성을 드러낸다

건물을 신축하고 있다.

서핑 레슨, 서핑 숍, 게스트하우스 등 서핑 관련 시설들이 중심이 되는 구역이다.

서핑복을 입고 거리를 돌아다녀도 될 만큼 자유로운 분위기이다.

영어 간판이 많다. 이국적인 느낌을 강조한다.

주차할 곳이 부족하여 도로에 주차하였다. 방문객이 많다.

사진 설명하기(Photo labelling)는 한 장의 사진을 깊이 있게 분석하고 기술하는 방법이다. 위 사진은 강원도 양양군 죽도해변의 지역 특성 혹은 변화를 보여주기 위한 사진과 설명이다. 사진을 설명할 때 설명하는 내용은 반드시 사진 속에 있어야 하고, 설명 내용과 연결되어야 한다. 또한, 한두 단어로 작성하는 것이 아니라 온전한 문장으로 기술해야 한다.

으로써 변화를 파악할 수도 있다. 예를 들어, 동해안의 일부 해안은 최근 서핑의 명소로 떠오르고 있으며, 주말이면 젊은이들이 전국에서 몰려들고 있다. 해안을 따라 늘어선 서핑 숍, 게스트하우스, 수제 맥줏집 같은 젊은 층을 겨냥한 상업시설들은 해수욕장, 횟집으로 대표되던 바닷가와 구별되는 새로운 라이프스타일을 보여주는 경관들이라 할 수 있다. 경관의 변화들은 사진 설명하기 활동을 통해 조사하고 결과물을 만들 수 있다.

둘째, 지역의 옛날 사진과 현재의 모습을 비교함으로써 변화를 파악하는 것도 가능하다. 학생들이 조사하려는 지역의 옛날 사진을 갖고 있을 리 없고, 구하는 것도 사실상 불가능하다. 하지만 인터넷 지도 서비스를 이용할 경우 도로변의 옛날 모습(로드뷰)

을 연도별로 확인할 수 있다. 예를 들어, 현재는 사람들로 붐비는 서울 익선동의 한옥 거리 모습이 과연 5년 혹은 10년 전에도 비슷한 모습이었는지 확인이 가능하다(학생들은 동일한 지점에 대한 변화를 파악하고, 이러한 변화를 가져온 배경이나 원인에 대해 조사할 수 있다 **옛날 사진 비교하기** **참조**. 하나의 건물이나 지점이 아니라 가로나 구역을 대상으로 변화를 조사한다면 지역의 변화를 수량화하는 것이 가능해진다. 가령, 양양의 죽도해변은 서핑의 성지로 소문나면서 작은 어촌마을에는 서핑 숍, 카페, 음식점 등 관광객을 위한 다양한 시설들이 늘어났다. 학생들은 로드뷰와 현지조사를 통해 이러한 변화를 수량화, 지도화할 수 있다(그림 2.1).

옛날 사진 비교하기

- 좀 더 깔끔해졌을 뿐 옛 한옥의 모습과 같은 디자인을 그대로 유지하여 익선동에서만 볼 수 있는 전통적인 모습을 살림.
- 요즘에는 잘 볼 수 없는 만홧가게라는, 사람들의 흥미를 끌 수 있는 추억의 콘텐츠를 활용함.
- 문에 유리를 달아서 한옥 내부의 모습을 밖에서도 볼 수 있도록 함.
- 젊은 세대들이 알 수 있는 캐릭터 스티커를 붙여 아기자기한 느낌을 살림.

▶ 김지민 과제의 일부

사진 설명하기가 현재의 경관 사진 한 장을 꼼꼼하게 관찰하는 방법이라면, 옛날 사진 비교하기는 동일한 지점에서 찍은 현재의 사진과 옛날 사진을 비교함으로써 차이를 관찰하는 것이 초점이다. 인터넷 지도 사이트를 활용한다면 몇 년 전 사진을 쉽게 구할 수 있다. 위 사진은 서울 종로구 익선동의 변화를 2013년에 찍힌 로드뷰 사진과 현재 모습과 비교한 사례이다.

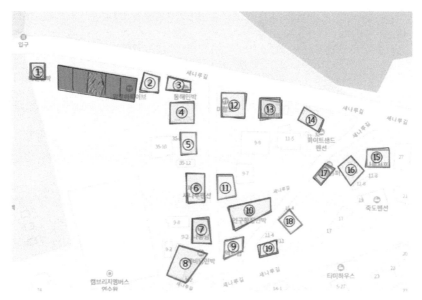

1. 지도에 표시된 건물이 어떤 종류인지 파악하고, 아래의 분류에 따라 지도 위에 색을 칠한다. (별도의 표시가 없는 건물이더라도 종류를 구분할 수 있다면 함께 색칠해보자.)

서핑 관련 상점 (서핑샵, 서핑스쿨 등)	● 초록색
식당, 숙박 시설, 마트, 편의점	● 빨간색
주민 주거 시설	● 파란색

그림 2.1 양양 죽도해변 지역의 변화

셋째, 지역의 변화를 기억하고 있는 주민들은 변화를 조사할 수 있는 좋은 자원이 된다. 섬과 육지를 이어주는 연륙교(예, 교동대교, 천사대교 등)가 생기면서 나타난 지역의 변화를 조사하고 싶다면 지역의 주민들이나 상인들을 대상으로 인터뷰를 진행할 수 있다. 석탄산업의 발달과 쇠퇴가 강원도 정선지역에 미친 영향이 궁금하다면 지역의 전통시장을 들러 할머니, 할아버지를 찾아보거나 전당포를 방문해 사장님을 인터뷰하는 것도 좋은 방법이 된다. "옛날이야기를 들려주세요" 하는 것도 방법이지만 지역을 이해하는 데 핵심이 되는 구체적인 질문들을 준비해 간다면 대화가 훨씬 수월해질 수 있다. 가령, 강원랜드의 설립이 지역에 미친 영향을 조사하러 사북이나 고한을 방문하게 된다면 학생들에게 인터뷰와 함께 '콤프'에 대해 물어보게 할 수 있다(그림 2.2). 콤프는 강원랜드 카지노 이용 고객들에게 카지노에서 사용하는 금액의 일정 비율을 포인트로 적립해주는 것을 말하며, 일정 금액이 되면 지역의 식당, 미장원, 식료품

새로운 사회 수업의 발견

그림 2.2 지역사회 이해를 위한 키워드 찾아 설명 듣기

점 등 콤프 가맹점에서 사용할 수 있다. 콤프는 이 지역에서만 사용할 수 있기 때문에 카지노에서 벌어들이는 수익의 일부를 지역사회와 공유한다는 의미도 있다. 학생들은 콤프 제도를 이해함으로써 강원랜드 카지노와 지역 주민과의 공생이라는 주제를 파악할 수 있게 된다. 따라서 지역방문을 계획하기 전 지역을 이해하는 데 핵심이 되는 키워드나 주제를 파악하려는 노력이 필수적이다.

마지막으로 통계자료를 통해 지역의 변화를 확인할 수 있다. 지역 산업의 쇠퇴와 성장은 지역의 고용 상황, 인구의 유입과 유출, 세수의 증감 등으로 나타나며, 이러한 데이터는 통계청(kostat.go.kr)에서 구할 수 있다. 정작 학생들은 어떤 종류의 통계자료를 통계청에서 구할 수 있는지 알지 못하는 경우가 대부분이므로, 학생들이 기대하는 통계가 과연 통계청에 있는지, 어떤 형태로 제공되는지 등을 예시를 통해 확인하고 연습하는 것이 필요하다. 예를 들어, 강원랜드의 설립이 지역에 미친 영향을 통계자료를 통해 확인하는 것이 가능하다. 강원랜드의 설립이 지역의 인구 유입을 가져왔는지, 범죄율 증가에 영향을 미쳤는지, 혹은 강원랜드 설립으로 증가한 업종에는 어떤 것들이 있는지 방문 전에 조사할 수 있다 강원랜드 설립으로 인한 지역의 변화 **참조3)**. 학생들이 현장조사를 통해 수집한 데이터와 통계자료를 통해 파악한 데이터를 비교하고 종합하는 경험은 야외조사를 통해 학생들에게 제공할 수 있는 최고의 학습경험 중 하나이다.

강원랜드 설립으로 인한 지역의 변화[4]

1. 1998년과 2002년 기준으로 가장 많은 종사자가 일하고 있는 산업의 유형은?
2. 광업 부문을 보면, 2000~2004년 사이에 종사자수에서 급격한 감소를 보이고 있다. 원인은 무엇일까?
3. 강원랜드 카지노 건설 이후 가장 급격하게 증가한 산업의 유형 및 종사자 부분은?
4. 강원랜드 카지노의 건설은 지역의 다른 산업 부분에도 영향을 미친 것으로 알려져 있다. 표를 통해 근거를 찾아보자.
5. 강원랜드 카지노의 설립은 지역의 범죄 발생 건수에 어떤 영향을 주었을까? '사북읍, 고한읍 지역의 범죄 발생 건수 변화' 표를 보고 답하라.

표 2.1 정선군 사북읍/고한읍의 산업별 사업체수 및 종사자수

구분	연도	1998		2000		2002		2004	
		사업체수	종사자수	사업체수	종사자수	사업체수	종사자수	사업체수	종사자수
농림임업	사북	-	-	-	-	-	-	-	-
	고한	-	-	-	-	-	-	-	-
광업	사북	11	959	10	770	6	966	1	10
	고한	2	561	3	467	1	9	1	7
제조업	사북	29	135	32	136	23	124	19	75
	고한	20	48	23	62	21	45	18	33
전기가스수도	사북	-	-	-	-	-	-	-	-
	고한	1	7	1	6	1	6	1	3
건설업	사북	15	182	9	54	20	134	15	109
	고한	11	223	11	453	13	90	7	48
도/소매업	사북	214	331	193	338	158	314	135	261
	고한	210	336	146	247	125	234	93	167
숙박 및 음식점업	사북	138	294	141	378	134	431	147	442
	고한	136	237	137	278	142	336	123	304
운수업	사북	30	103	38	81	41	102	54	116
	고한	32	146	25	131	27	133	32	119
통신업	사북			2	33	2	36	2	41
	고한			1	10	1	4	1	3

구분	연도	1998		2000		2002		2004	
		사업체수	종사자수	사업체수	종사자수	사업체수	종사자수	사업체수	종사자수
금융보험업	사북	10	109	12	130	13	148	31	140
	고한	7	133	18	90	15	49	8	31
부동산임대업	사북	14	24	14	25	10	14	15	64
	고한	13	16	12	24	8	17	5	5
사업서비스업	사북			6	24	5	14	8	23
	고한			3	4	4	226	6	627
공공행정국방사회보장	사북	2	69	2	43	2	34	2	55
	고한	5	69	3	45	3	63	3	59
교육서비스	사북	12	147	14	145	13	170	16	154
	고한	11	145	15	141	12	108	12	121
보건사회복지사업	사북	5	155	5	127	5	128	5	125
	고한	4	24	4	40	4	53	4	43
오락문화 및 운동관련	사북			18	30	17	39	**18**	**3,238**
	고한			**14**	**691**	**17**	**1,223**	14	28
기타공공사회서비스	사북	69	171	67	234	55	217	56	118
	고한	75	134	55	95	49	115	44	102

표 2.2 **사북읍, 고한읍 지역의 인구변화(1975~2020)**

연도	1975	1980	1985	1990	1995	2000	2005	2010	2015	2020
사북	46,903	50,956	32,804	20,012	8,983	5,755	5,564	5,849	5,532	5,532
고한			23,158	17,217	9,059	7,369	6,802	5,419	5,007	5,007

* 1985년 사북읍 고한리의 일부가 고한읍으로 승격됨

표 2.3 **사북읍, 고한읍 지역의 범죄 발생 건수 변화(1996~2004)**

연도	1996	1998	2000	2002	2004
사북	210	257	165	497	441
고한	206	288	207	523	462

* 2000년 스몰카지노 개장, 2003년 메인카지노(현재의 강원랜드) 개장 / 출처: 정선군 통계연보(1997, 1999, 2001, 2003, 2005)

핫 플레이스, 서촌은 젠트리피케이션이 진행된 서울 서촌 지역을 대상으로 한 야외 조사 활동이다. 지난 10년 동안 서촌은 어떻게 변화하였는가? 주민, 상점주인, 방문객(관광객)은 서촌의 변화에 대해 어떻게 인식하고 있는가? 서촌의 변화 과정에서 이익을 본 사람과 피해를 본 사람은 누구인가? 등을 탐구질문으로 활용할 수 있다. 학생들에게 서촌에 대해 알고 있는지 물어보거나 배경지식이 없다면 서촌과 젠트리피케이션에 관한 동영상을 함께 시청하는 것도 가능하다. 탐구 기반의 야외 조사에서는 제시된 질문에 맞춰 학생들이 연구계획을 수립하는 과정이 중요하다. 연구의 계획이 실제적이지 않다면 야외 조사는 시간 낭비가 되기 쉽고, 설령 데이터를 구하더라도 질문에 답하는데 턱없이 부족할 수 있다. 따라서 학생들에게 '제시된 질문에 답하기 위해 어떤 데이터를 수집하는 것이 필요한가?', '그러한 데이터를 수집한다면 그 질문에 답할 수 있을까?(충분한 근거가 되는가?)', '여러분은 그러한 데이터를 실제로 구할 수 있는가?'와 같은 질문을 지속적으로 던져서 학생들이 충분히 실현 가능한 계획을 수립할 수 있도록 지원해야 한다. 학생들은 로드뷰와 현지조사를 통해 서촌에 위치한 상점들의 업종 변화를 지도화하고 변화의 특징을 파악한다 ^{상가 업종 변화 조사 및 지도화} **참조**. 상점주인과 방문객들을 대상으로 서촌에 대한 장소정체성, 선호경관, 문제점, 그리고 앞으로의 발전 방향을 설문조사를 통해 조사하고 결과를 비교한다 ^{설문조사} **참조**. 학생들에게 제작하려는 최종 산출물의 유형을 선택하게 할 수 있지만 다수의 학생이 야외 조사에 참여한다면 최종산출물의 유형을 하나로 지정하는 것이 학생지도와 관리, 채점 등에 유리하다. 야외 조사의 주제가 지역의 이슈를 다루고 있기 때문에 신문의 특집호를 제작하게할 수 있다. 이때 '신문의 특집호를 제작하라'는 단순한 안내 대신 신문의 다양한 조판을 제시하고, 특집호가 포함해야 할 요소와 제작의 유의점을 안내해 준다면 짧은 시간내에 질이 보장된 산출물을 제작할 수 있다(그림 2.3, 그림 2.4). 신문의 특집호에는 지역의 상가 변화를 보여주는 지도, 지역의 변화를 상징적으로 보여주는 사진, 상점 주인(혹은 주민)과 관광객 대상의 인터뷰 조사 자료가 핵심적인 데이터가 된다. 인터뷰 자료는 통계 그래프로 작성하거나 워드 클라우드로 작성할 수 있다. 젠트리피케이션을 경험한 다른 지역(예, 서울의 종로구 익선동, 이태원 경리단길과 우사단로, 마포구 망원동,

새로운 사회 수업의 발견

성동구 성수동 등)을 조사대상 지역으로 선정할 수 있다.

상가 업종 변화 조사 및 지도화

조사지역 내의 상가가 업종이 변화했는지 현장조사와 인터넷 지도서비스(로드뷰)를 통해 조사한다. 현장조사를 통해 상가의 업종, 업종구분(주민을 위한 서비스 vs. 관광객을 위한 서비스), 영업기간, 이전 업종을 조사한다. 업종과 업종 구분은 상점의 바깥에서 눈으로 판단한다. 영업 기간 정보를 상점을 방문해 직접 물어보고 기록한다. 이전 업종은 다음 로드뷰(Daum road view)를 이용해 동일 지점의 5년(혹은 10년) 전 업종을 조사한다.

구분	업종	업종 구분 A:주민을 위한 서비스 B:관광객을 위한 서비스	영업 기간			이전 업종 (로드뷰)
			1년 미만	1년 미만 3년 이상	3년 이상 (×년)	
예시	미용실	A			∨(15년)	
1						
2						
…						

조사구역에 포함된 상점들의 현재와 과거(5년 전)의 업종을 모두 조사했다면 변화 정도를 파악하기 위해 데이터를 지도화한다. 주민(지역민)을 위한 서비스와 관광객(외지인)을 위한 서비스는 색깔(■/■)로 구분한다. 영업기간은 패턴(▨ 1년 미만, ▩ 1년 이상 3년 미만, □ 3년 이상)으로 구분한다.

설문조사

주민 혹은 상점 주인을 대상으로 서촌에 대한 장소정체성, 선호경관, 서촌지역의 최근 변화에 대한 인식을 조사한다.
설문조사 결과는 방문객 대상의 설문조사와 비교할 수 있다.

- 주민( ) 상점 주인( )
- 거주기간/영업기간( )
- 성별: 남( ) 여( )
- 연령대: 10대( ) 20대( ) 30대( ) 40대( ) 50대( ) 60대( ) 70대 이상( )

[장소정체성] 서촌은 어떤 곳입니까?

[선호경관] 서촌의 매력(특성)은 무엇이라고 생각하십니까?

[변화] 최근 방문객이 증가하고 있습니까, 아니면 감소하고 있습니까?

[변화] 서촌이 많이 변화하였습니다. 서촌의 변화에 대해 어떻게 생각하십니까?

[문제] 현재 서촌이 당면한 문제점은 무엇이라고 생각하십니까?

[변화/해결] 앞으로 서촌이 어떻게 바뀌었으면 좋겠습니까?

[만족도 - 관광객 대상] 서촌을 다시 방문하고 싶으십니까? (혹시 아니라면 왜?)

설문조사나 인터뷰 내용 중 자주 언급되는 중요하고 의미 있는 내용들을 추출하여 워드 클라우드(word cloud, wordcloud.kr/)를 작성할 수 있다. 자주 언급된 단어(용어)일수록 중앙에 위치하고 크게 표현된다. 워드 클라우드는 데이터의 핵심어를 한눈에 파악하기 쉬운 반면 인터뷰 답변의 맥락을 제공해 주지는 못한다.

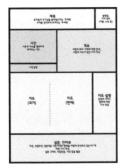

그림 2.3 신문 조판을 위한 가이드

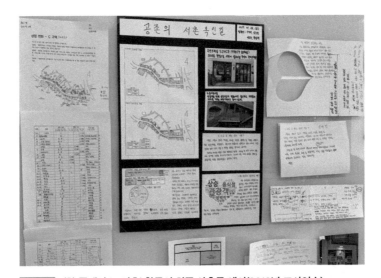

그림 2.4 '핫 플레이스, 서촌' 활동의 최종 산출물 예시(2019년 교사연수)

야외 조사 및 제작과정을 보여주는 중간 산출물들을 모두 전시하여 어떤 과정을 거쳐 산출물이 제작되었는지 이해할 수 있도록 하였다.

03

장소 인식 조사

개인과 집단은 특정 장소에 대해 저마다의 감정이나 가치를 가지며 이를 장소감 (sense of place)이라 한다. 장소감은 장소에 대한 지속적인 경험이나 의식을 통해 생겨난다. 흥미로운 것은 동일한 장소에 대해 나이, 성별, 직업, 종교 등 집단에 따라 장소감에 차이가 나타날 수 있다는 점이다. 예를 들어, 서울 탑골공원을 향한 인식은 노년층과 청년들 간에는 확연한 차이가 있을 것이다. 한편, 장소감은 고정된 것이 아니며 장소에 대한 이해와 경험에 따라 변화하기도 한다. 잔혹한 영화의 배경이 된 지역은 나도 모르는 사이에 우범지역으로 기억되기도 하고, 과거에는 아무것도 아니었던 장소들이 내가 좋아하는 가수의 뮤직비디오에 등장했다는 이유만으로 가장 방문하고 싶은 곳이 될 수도 있다. 이처럼 장소감의 형성에는 미디어나 관광의 역할이 두드러진다. 다음은 장소의 인식에 대해 지리학자들이 던지는 질문들의 예시이다. 탑골공원 대신 다른 장소를 넣어 묻고 답해보자. 아마도 흥미로운 사실을 발견할 수 있을 것이다.

장소감을 조사하는 여러 방법 중 설문조사가 널리 활용된다. 장소에 설명하는 형용사를 활용해 그 대한 인식을 조사할 수 있다. 다음은 서울 종로구 익선동을 방문한 관광객을 대상으로 익선동에 대한 인식을 조사하는 설문지이다. 빈칸(14~20번)에는 학생

- 탑골공원 하면 어떤 이미지가 떠오르는가?
- 탑골공원에 대해 왜 그런 이미지를 갖게 되었을까?
- 다른 사람들도 탑골공원에 대해 나와 같은 이미지를 갖고 있을까?
- 탑골공원에 대한 이미지는 시간에 따라 바뀐 적이 있는가?
- 사람들은 탑골공원을 어떻게 이용하는가?
- 탑골공원에 대한 이미지가 다르면 이용하는 방법도 다를까?

들과 의논하여 적절한 형용사를 넣을 수 있다.[5]

　장소에 대한 사람들의 인식 차에 초점을 두고 프로젝트를 진행한다면 집단을 구분해서 비교하는 것이 효과적이다. 가령, 서울시 대림동 차이나타운을 내부 주민과 외부인의 인식을 비교하는 방식이다. 지역 주민을 조사하는 것이 어렵다면 학생 스스로를 연구의 대상이 될 수 있다. 즉, 학생들이 대림동 방문 전후 각각 설문에 응답하고 방문 여부가 장소에 대한 느낌의 차이를 가져왔는지 조사하는 것이다.

익선동에 대한 장소 인식 조사

구분	질문	∨표시하여 주십시오				
		전혀 아니다	←	중간	→	매우 그렇다
1	익선동은 매력적인 곳이다.	①	②	③	④	⑤
2	익선동은 익숙한 곳이다.	①	②	③	④	⑤
3	익선동은 의미 있는 곳이다.	①	②	③	④	⑤
4	익선동은 신나는 곳이다.	①	②	③	④	⑤
5	익선동은 독특한 곳이다.	①	②	③	④	⑤
6	익선동은 좋은 느낌을 주는 곳이다.	①	②	③	④	⑤
7	익선동은 특별한 곳이다.	①	②	③	④	⑤
8	익선동은 안전한 곳이다.	①	②	③	④	⑤
9	익선동은 즐거운 곳이다.	①	②	③	④	⑤

10	익선동은 재미있는 곳이다.	①	②	③	④	⑤
11	익선동은 조용한 곳이다.	①	②	③	④	⑤
12	익선동은 예쁜 곳이다.	①	②	③	④	⑤
13	익선동은 깨끗한 곳이다.	①	②	③	④	⑤
14	익선동은 _____ 곳이다.	①	②	③	④	⑤
15	익선동은 _____ 곳이다.	①	②	③	④	⑤
16	익선동은 _____ 곳이다.	①	②	③	④	⑤
17	익선동은 _____ 곳이다.	①	②	③	④	⑤
18	익선동은 _____ 곳이다.	①	②	③	④	⑤
19	익선동은 _____ 곳이다.	①	②	③	④	⑤
20	익선동은 _____ 곳이다.	①	②	③	④	⑤

장소에 대한 느낌을 표현하는 형용사를 쌍으로 배치한 다음 설문 대상자들에게 표시하게 할 수 있다. 이때 숫자가 높아질수록 매우 그렇다는 의미가 된다. 설문 대상자들의 응답에 대한 평균값을 구한 다음 아래 그림과 같이 제시할 수 있다.

부정적	-2	-1	0	1	2	긍정적
위험한						안전한
지저분한		■				깨끗한
촌스러운				■		세련된
시끄러운		■				조용한
피하고 싶은						방문하고 싶은
냄새가 나는						향기로운
불친절한						친절한
가난한		■				부유한
폐쇄적인				■	■	개방적인

최근 미디어는 장소에 대한 사람들의 인식에 지대한 영향을 미치고 있다. 개인들이 어떤 장소를 알게 되고, 좋아하고, 나아가 방문하게 되는데 있어 방송, 유튜브, SNS 등이 미치는 영향력은 강력하다. 나아가 사람들이 장소에 대해 갖고 있는 이미지는 실제로 장소의 모습을 변화시키기도 한다 보고 싶은 것을 보여준다? **참조**.

보고 싶은 것을 보여준다?를 실제 조사를 통해 확인해 보는 것이 가능하다. 몇 년 전부터 제주의 한적한 바닷가에 카페가 들어서면서 사람들이 몰려들기 시작했다. 이곳에 도착하기 전 방문객들은 이곳에서 어떤 장소를 상상했을까? 어떤 경험을 기대하고

보고 싶은 것을 보여준다?

그림 3.1 메밀꽃 핀 봉평 메밀밭(왼쪽)과 런던의 셜록 홈스 박물관(오른쪽)

> "길은 지금 긴 산허리에 걸려 있다. 밤중을 지난 무렵인지 죽은 듯이 고요한 속에서 짐승 같은 달의 숨소리가 손에 잡힐 듯이 들리며, 콩포기와 옥수수 잎새가 한층 달에 푸르게 젖었다. 산허리는 온통 메밀밭이어서 피기 시작한 꽃이 소금을 뿌린 듯이 흐붓한 달빛에 숨이 막힐 지경이다. (이효석 「메밀꽃 필 무렵」 중)

얼마 전 봉평군은 이효석의 소설 속 장면을 찾아 봉평을 방문하는 관광객이 늘어나자 옥수수밭을 갈아엎고 메밀밭을 조성하였다. 소설 속에 등장하는 충주집(주막)과 첫사랑의 무대가 된 물레방앗간 역시 세워졌다. 즉, 관광객의 기대에 맞춰 실제 경관을 변화시킨 것이다.

비슷한 사례는 영국 런던에서도 볼 수 있다. 런던의 베이커가(Baker Street)에 위치한 221B호는 '코난 도일(Conan Doyle)' 소설의 주인공인 셜록 홈스가 살았던 곳으로 묘사된 주택이다. 건물 앞에는 기념사진을 찍으려는 관광객들로 붐빈다. 하지만 실제로 이곳은 1990년 개장한 개인 박물관이다. 즉, 셜록 홈스는 베이커가에 거주한 사실이 없으며, 셜록 홈스 박물관에 소장된 물건들 모두 가짜인 셈이다.

과연 봉평에서 바라보는 메밀밭과 베이커가의 221B 주택은 진짜일까? 이 경관을 보고 만족한 관광객들의 감정은 전부 가짜일까? 여러분의 생각은 어떠한가?

이곳에 왔을까? 이러한 상상과 기대는 어디서 생겨난 것일까? 그리고 이러한 상상과 기대가 장소를 변화시키지는 않았을까? 제주 월정리 관광객 설문조사 활동을 통해 방문객들이 어떤 기대와 상상을 갖고 이 장소(예, 제주 월정리)를 방문했는지, 이러한 기대와 상상은 어디에서 생겨난 것인지 알아본다. 나아가 그들이 가졌던 상상이 실제와 일치하는지 확인하는 것도 가능하다.

지역에서 판매하는 기념품이나 카페에서 바라보는 경치를 통해 관광객들의 기대에 부응하기 위한 지역의 전략을 조사할 수 있다 제주에서 팔고 있는 것은? **참조**. 기념품(예, 엽서, 마그

제주 월정리 관광객 설문조사

안녕하십니까? 저는 ○○고등학교 ○학년 ○○○입니다. 저희는 최근 제주 월정리 지역의 변화와 변화 원인을 조사하기 위해 설문조사를 진행 중입니다. 전체 설문에 응답하는데 5분 정도 소요될 예정이니 바쁘시더라도 참여 부탁드립니다. 설문 내용은 학교 프로젝트 이외의 목적으로는 절대 활용되지 않으며, 답변 내용은 익명으로 처리될 예정입니다. 감사합니다.

1️⃣ 성별* : 남( ) 여( )

2️⃣ 연령대* : 10대( ) 20대( ) 30대( ) 40~50대( ) 60대 이상( )

3️⃣ 동행자 수(본인 포함) : 1명( ) 2명( ) 3명( ) 4명 이상( )

4️⃣ 제주 월정리에서 무엇을 하셨나요?/하실 예정인가요?(중복선택 가능) [방문목적]
카페/식당( ) 산책( ) 사진/동영상 촬영( ) 쇼핑( ) 물놀이/해양 액티비티( ) 기타( )

5️⃣ 월정리 체류 시간 : 2시간 미만( ) 3~4시간( ) 1일( ) 2일( ) 3일 이상( )

6️⃣ 월정리에 대한 정보는 어디서 얻었나요? [정보원]
SNS/유튜브( ) 인터넷( ) 방송(TV 등)( ) 신문, 잡지( ) 친구/친지( ) 기타( )

7️⃣ 사전에 습득한 월정리에 대한 이미지는 실제 이미지와 얼마나 가깝습니까?
매우 비슷하다( ) 비슷하다( ) 중립( ) 다르다( ) 전혀 다르다( )

8️⃣ 월정리만의 특별함은 무엇이라 생각하십니까? [매력/장소성]

9️⃣ 다음에도 월정리 해변을 재방문하실 의사가 있으십니까? [만족도]
매우 그렇다( ) 그렇다( ) 보통( ) 그렇지 않다( ) 전혀 그렇지 않다( )

* 물어보지 말고 체크합니다.

넷 등)에 묘사된 지역의 이미지들은 의도적으로 선정되고 과장된 것이라 할 수 있다. 이러한 이미지를 통해 지역에서는 어떤 장면이나 경관을 강조하고 있는지, 그 이유는 무엇인지(예, 관광) 확인하는 것이 가능하다. 기념품뿐 아니라 관광지의 포토존이나 카페, 음식점의 큰 창을 통해 바라보는 경치들 모두 섬세하게 선정된 장면들이다. 이러한 장면들을 모아 볼 수 있다면 이 지역에서 의도적으로 강조하고자 하는 경치나 장면들을 찾아낼 수 있다.

제주에서 팔고 있는 것은?

1 제주 월정리를 소재로 제작된 기념품(예, 마그넷, 캔들, 그림엽서)을 찾아보자. 기념품 속의 월정리는 어떻게 묘사되어 있는가?

마그넷(예시)

엽서(예시)

2 카페의 창이나 해안의 포토존을 통해 바라볼 수 있는 풍경을 찍어보자. 어떤 경관을 강조하고 있는가? 이들 경관은 관광객들의 장소와 어떤 연관이 있을까?[6]

카페 전망(예시)

포토존(예시)

해안사구 조사

바닷가나 하천을 방문해 인솔자의 설명만 듣고 오는 것과 가설을 검증하기 위해 자신들이 직접 데이터를 수집하는 것은 엄청나게 다른 경험이다. 흔히 연구자들(예, Chang et al., 2012; Stokes et al., 2011)은 야외에서의 데이터 수집활동이야 말로 야외 답사의 교육적 효과를 가능하게 하는 핵심적인 경험이라 주장한다. 야외환경은 그야 말로 복잡하고 종합적이며 실제적이다. 만약 야외 답사에서 데이터 수집을 계획했다 고 하더라도 계획대로 진행되는 것은 아니며, 항상 무엇을 수집해야 하고, 어떤 것을 수집해야 하고, 수집한 것들을 어떻게 분류해야 하는지, 그리고 교실에 돌아온 후엔 어 떻게 표현하는 것이 좋은지 등 끊임없는 질문에 답해야 하는 상황에 놓이게 된다(이종 원, 오선민, 2016). 이러한 과정을 통해 학생들은 데이터 수집과 분석, 표현능력을 습득 하게 됨은 물론 야외에서 데이터를 수집하는 과정이 객관적일 수 없으며 연구자의 주 관이 포함될 수밖에 없다는 사실을 자연스럽게 체득한다(Lambert and Reiss, 2014). 또 한, 자신들이 직접 데이터를 수집했기 때문에 데이터를 깊이 있게 이해할 수 있는 장 점이 있다(이종원, 오선민, 2016; Roberts, 2013).

블랜드와 동료들(Bland et al., 1996)은 학교에서 진행하는 야외 조사의 방식을 학생들이 참여하는 활동의 성격에 따라 세 가지로 구분한 바 있다.

● 보고/듣기: 교사가 설명하는 것을 듣고, 교사가 가리키는 것을 본다는 의미로 수동적인 학생활동을 의미한다.

● 조사: 널리 인정되고 있는 이론이나 개념들(예, 도심으로부터의 거리에 따른 지대의 변화)이 얼마나 현실 세계에서 작동하는지 야외 조사를 통해 검증해 보는 활동이다. 새로운 질문에 대한 답을 찾기보다는 기존의 규범적인 조사방법을 따라 데이터를 수집하고 분석할 수 있는 조사능력을 기르는 데 초점을 둔다.

● 탐구: 질문에 대한 답을 찾기 위해 야외 조사를 활용하는 방식이다. 질문에 답하기 위해 어떤 데이터가 필요하며, 어떻게 수집해야 할지 결정하고, 데이터를 수집해서 정리·분석·해석한다. 학생들의 주도적인 탐구능력 향상을 목표로 한다.

학생들과 하천이나 바닷가를 대상으로 야외 조사를 계획한다면 조사 방식의 야외 조사를 고려해 볼 수 있다. 자신들만의 탐구질문이나 연구방법을 개발해야 하는 탐구 방식에 비해 기존의 이론(예, 하천에서 유속이 가장 빠른 지점은 어디인가? 유속과 퇴적물의 크기의 관계는? 등)과 전통적인 조사방법을 활용할 수 있다는 점에서 접근하기 쉬울 뿐 아니라 교과내용과 접목하기에도 유리하다. 최근 자연지리 분야의 야외학습도 단순히 지형을 관찰하고 스케치하는 방식에서 도구/기기를 활용해 데이터를 수집하고, 데이터를 토대로 가설을 검증하는 방식으로 변화하고 있다(박철웅, 2013).

해안사구를 모니터링 하라![7]는 해안사구를 방문해 해안사구의 형성과정과 생태환경의 특징을 조사하는 야외 조사 활동이다. 활동을 통해 학생들이 정해진 방법을 따라 데이터를 수집하고, 분석하는 경험을 갖는 것이 주된 목표가 된다. 정확한 조사방법을 습득하기 위해서도 사전교육은 중요하다. 학생들은 자신들이 수행하는 데이터 수집활동의 의미를 이해하지 못한 채 활동에 참여할 경우 흥미를 금방 잃어버릴 수 있으며, 어떤 방법과 절차가 적절한 것인지 판단하기 어렵다. 따라서 야외 조사 전 해안사구를 다룬 동영상을 통해 내용지식을 습득하는 것이 필수적이며, 학생들이 사용할 도구/기기의 활용방법에 대해 학교에서 미리 연습하는 것이 필요하다. 해안사구를 모니터링 하라! 활동은 충남 보령군에 위치한 소황사구를 토대로 개발되었다. 5~7명 정도로 구성된 학생들은 해안선과 수직을 이루는 길이 약 70~80m 정도의 해안사구를 조사하게 되며, 학생들은 해안사구의 단면도를 작성하기 위해 지형을 측량하고 ^{사구의 형태 - 단면 측정} 참조, 퇴적물의 입도를 분석하고 ^{퇴적물의 입도(크기) 분석} 참조, 풍속을 측정하며, 식생을 조사한다. 풍속을 측정하면 지점별 바람의 강도가 얼마나 센지 알 수 있으며, 그 바람에 의해 얼마나 큰 알갱이(퇴적물의 입도)들이 이동하는지 가늠할 수 있게 된다. 즉, 바람이 강하게 부는 사구전면과 사구마루에서 상대적으로 굵은 모래의 비중이 높게 나타날 수 있다. 마지막으로 실내로 돌아와 학생들은 계절별 풍속과 풍향 데이터를 활용해 지역의 바람장미를 작성한다 ^{바람장미 작성} 참조.

해안사구는 해빈과 더불어 침식과 퇴적작용이 지속적으로 발생하는 역동적인 지형의 변화를 보여줄 수 있는 지형이다. 지형이 변화하지 않는 고정된 것이 아니라 물질과 에너지를 주고받으며 계속 변화하고, 이러한 변화와 프로세스(예, 바람, 파랑, 식생 등)를 직접 관찰하고 측정할 수 있다는 것은 학습자들에게 흥미를 줄 수 있을 뿐 아니라 교수·학습 과정을 구성하는 데도 유리하다. 또한, 해안사구는 배후지역을 보호하는 자연 방파제로서 침식 이후 스스로 복원되고, 지하수를 함양하여 담수를 공급하며 사구성 동식물들의 서식처를 제공하는 등 생태계 바탕으로서의 지형의 기능과 가치를 잘 보여줄 수 있는 장점도 있다. 이와 같이 해안사구는 지형형성 프로세스뿐 아니라 인간의 간섭과 보전 노력 등 인간과 자연과의 관계, 지속 가능한 발전 등의 주제를 다루기에도 적합하다.

소그룹별 데이터 수집활동 이외에도 주변에서 관찰 가능한 환경에 대해 교사의 설명과 질의/응답을 진행할 수 있다. 선생님이 설명할 수 있는 주제는 사빈과 사주, 바람과 모래의 이동(예, 부유, 도약 등)과 해안사구의 형성, 외부 온도에 따른 표범장지뱀의 활동시간, 환경에 적응한 사구식물의 특징(예, 기는줄기, 뿌리줄기, 무성생식 등), 명주잠자릿과의 유충(일명 '개미귀신')이 만든 개미지옥을 활용한 사면안정각, 해안사구 보존을 위한 곰솔 식재의 문제점과 모래 울타리의 역할과 설치 방법 등이다.

사구의 형태 - 단면 측정

해안사구의 명칭과 단면 측정을 위한 측정 지점

해안사구의 단면을 측정하기 위해서는 폴대(pole), 줄자, 클리노미터가 필요하다. 위 그림과 같이 측정하고자 하는 단면을 기준으로 가상의 선을 그은 다음 경사가 급하게 변화하는 지점(사진에서 붉은 점으로 표시)을 찾는다. 깃발이 있다면 이 지점들에 꽂아둔다. 다음으로 두 지점 간의 거리와 각도를 측정한다.

해안사구의 단면 측정. 지점 간 거리 측정(왼쪽), 지점 간 각도 측정(가운데), 클리노미터의 원리(오른쪽)

두 지점 간의 거리는 줄자를 이용해서 측정하고, 각도는 클리노미터를 활용한다. 클리노미터의 원리는 간단하다. 클리노미터를 통해 측정하고자 양쪽 폴대의 같은 높이를 바라보게 되면 두 지점 간의 각도 차이를 구할 수 있다.

해안사구의 단면 측정

측정지점	지점 간 거리(m)	각도(°)	거리(m)	고도차(m)
1~2	9.42	18	8.959	2.911
2~3	5.77	2	5.766	0.201
3~4	2.59	-30		
…				
7~8	21.00	-2		

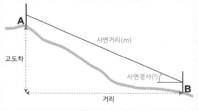
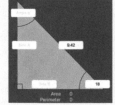
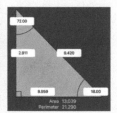

스마트폰 앱을 활용한 고도차 및 거리 계산 방법

사구의 형태 - 단면 측정에서 학생들이 측정한 데이터는 직각 삼각형의 사면거리와 사면경사에 해당한다. 단면도를 작성하기 위해서는 직각 삼각형의 높이(수직고도)와 거리를 추가적으로 계산해야 한다. 스마트폰 앱(예, 삼각형 계산기)을 활용해 원하는 값(거리와 고도차)을 쉽게 구할 수 있다. 예를 들어, 스마트폰 앱을 작동시키고 사면거리의 값(9.42m)과 사면경사의 값(18°)을 넣으면 거리(8.959m)와 고도 차(2.911m)가 산출된다. 거리와 고도차를 계산했다면 해안사구의 단면도를 작성할 수 있다.

퇴적물 입도(크기) 분석

표준체를 이용해 해안사구의 주요 지점별(사빈, 사구전면, 사구마루, 사구후면) 퇴적물의 입도를 분석한다. 눈금의 크기가 다른 채를 겹쳐 놓은 다음 퇴적물 샘플을 가장 위의 채에 놓고 흔드는 방식으로 퇴적물의 크기별 비율을 파악하는 방식이다. 제일 위에 간격이 가장 넓

은 채를 놓고 순서대로 쌓는다(예, 1mm →
0.5mm → 0.25mm → 0.125mm). 퇴적물
을 제일 위쪽의 표준체에 담고 잘 분류될 수
있도록 뚜껑을 닫은 후 30회 정도 흔들어
준다. 그런 다음 각각의 채에 남아 있는 퇴
적물의 양을 매스실린더로 측정하여 기록한
다. 휴대용 전자저울을 이용한다면 부피 대
신 무게를 측정하는 것이 가능하다.

퇴적물 입도 분석

해안사구의 지점별 퇴적물 입도 측정

지점	사구						사빈		비고
	사구후면		사구정상(마루)		사구전면				
크기 (mm)	무게 (부피)	비율 (%)	무게 (부피)	비율 (%)	무게 (부피)	비율 (%)	무게 (부피)	비율 (%)	
1	0.5								매우 굵은 모래
0.5	1								굵은 모래
0.25	37								중간 모래
0.125	9								가는 모래
									매우 가는 모래

  퇴적물 입도 분석 데이터를 토대로 그래프를 작성한다. 입도분석을 위해 활용한 표준체들
의 눈금(간격)이 정비례 방식보다는 로그 방식에 가깝기 때문에 로그로 표현해주는 것이 한
쪽으로 치우치지 않고 전체적인 분포를 보여주는 데 효과적이다.

크기 (mm)	사구후면		비고
	부피	비율(%)	
1	0.5	1.0	매우 굵은 모래
0.5	1	2.1	굵은 모래
0.25	37	77.9	중간 모래
1.25	9	19.0	가는 모래
			매우 가는 모래

퇴적물 입도 분석 그래프

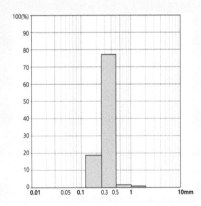

풍속 측정

풍속계를 활용해 해안사구의 주요 지점(사빈, 사구전면, 사구마루, 사구후면)의 풍속을 측정한다. 측정지점의 숫자만큼 풍속계와 측정인원이 필요하다. 풍속은 시시각각 변화하기 때문에 모든 인원이 동일한 시각에 맞춰 측정하는 것이 중요하다. 또한, 폴대를 활용해 지표에서부터 동일한 위치(예, 1m)에서 측정하도록 하고, 여러 번 측정한 후 평균을 계산할 수 있도록 한다.

풍속계를 활용한 풍속 측정

해안사구의 주요 지점별 풍속

측정지점	1회	2회	3회	4회	평균
사빈					
사구전면					
사구마루					
사구후면					

식생 조사

학생들은 사구전면, 사구마루, 사구후면에서 1×1m 구역을 무작위로 선정한 후 선정된 구역 내에서 식생의 사진을 찍고, 우점종/구성종을 찾고, 식생이 지표를 덮고 있는 비율을 계산한다. 식물의 이름은 '사구에서 관찰할 수 있는 식물'을 참조할 수 있다.

식생 조사

해안사구의 식생 조사

	사구전면	사구마루	사구후면
사진			
피복비율(%)			
우점종			
구성종			

갯그령   갯쇠보리   통보리사초

좀보리사초   모래지치   띠

갯방풍   갯완두   갯씀바귀

갯메꽃   순비기나무   해당화

해안사구에서 주로 관찰되는 식물들

해안사구는 바다와 육지가 만나는 점이적 특성을 갖고 있다. 바람이 많이 불고 염분과 모래 성분이 많아 일반적으로 식물이 생장하기에 불리하며 반면 이러한 조건에서 살아갈 수 있는 독특한 식물들을 관찰할 수 있다. 바람의 세기, 염분의 농도, 모래의 구성 등 식물의 생장에 영향을 미치는 환경은 바다에서부터 육지로 이동함에 따라 순차적으로 변화하기 때문에 관찰되는 식물들 또한 대상(띠 모양)으로 나타나게 된다. 식생조사에서는 해안사구 주요 지점(사구전면, 사구마루, 사구후면)의 사진을 찍고, 식생 피복 비율(%)을 계산하고, 우점종과 구성종을 파악한다. 식생 피복 비율은 일정 면적의 땅(토지)이 얼마나 식생으로 덮여 있는지를 가리킨다. 방형구나 접자를 이용해 1×1m 격자를 만든 다음 식생이 덮고 있는 정도를 눈으로 어림한다. 우점종은 출현 빈도가 가장 높고 많은 면적을 차지하는 식물 종을 가리키며, 구성 종은 우점종 다음으로 많이 출현하는 종이다. 해안사구 환경에서 흔히 관찰되는 12종의 식물 사진과 이름을 활용하도록 한다.

해안사구를 모니터링 하라! 활동을 통해 사진, 그래프, 도표 등 다양한 시각적 자료를 만들 수 있어 이러한 부분을 효과적으로 표현할 수 있는 포스터를 제작해 본다. 다음은 학생들의 포스터 제작을 지원하기 위한 가이드라인과 학생들이 제작한 포스터의 사례이다.

새로운 사회 수업의 발견

바람장미 작성

바람의 방향과 세기를 한 번에 보여주는 그래프를 바람장미(wind rose)라 한다. 해안사구의 성장에는 바람의 조건이 중요하기 때문에 조사지역의 풍속/풍향 데이터를 구한 다음 바람장미를 그려볼 수 있다. 아래 데이터는 충남 보령에서 2015년 1월 19일 하루 동안 관측된 풍속과 풍향 데이터이다. 기상청 웹사이트에서 데이터를 구할 수 있다.

1월 19일 보령 지역의 풍속/풍향 데이터

시간	0	1	2	3	4	5	6	7	8	9	10	11
풍속(m/s)	1.2	1.3	1.0	2.0	0.3	1.2	0.1	0.5	1.8	2.0	0.2	2.3
풍향	NNW	NNE	N	NNE	NNW	NNE	N	NNE	NNE	NNE	W	SSE

시간	12	13	14	15	16	17	18	19	20	21	22	23
풍속(m/s)	3.5	2.8	3.3	5.2	5.0	4.5	3.4	5.6	5.6	4.3	1.6	1.7
풍향	S	SSE	S	SSE	S	S	S	S	SSW	SSW	SW	SSW

위 데이터의 내용을 해당 풍속과 풍향에 맞춰 해당 칸에 기입한다. 가령, 0시에는 NNW 방향으로 1.2m/s의 바람이 불었다는 의미이다. 표를 완성했으면 전체 시간 대비 비율을 계산하면 된다.

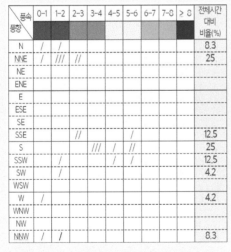
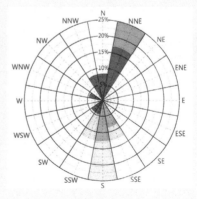

바람장미 작성을 위한 표와 완성된 바람장미의 모습

사구를 모니터링 하라! (제목)			
팀원: 조사일시: 지점(경위도 좌표):			

식생사진 (사구후면) 피복률, 우점종/구성종	식생사진 (사구마루) 피복률, 우점종/구성종	식생사진 (사구전면) 피복률, 우점종/구성종	배경/연구목표 조사지역 개요 연구목표는 무엇인가?(질문을 활용해 보자)
사구전면-사구마루-사구후면으로 진행하면서 나타나는 식생의 변화를 기술하라			
해안사구 단면과 식생 스케치			바람장미 바람장미를 토대로 바람의 특징을 기술하라.

토양입도 그래프 (사구후면)	토양입도 그래프 (사구마루)	토양입도 그래프 (사구전면)	토양입도 그래프 (사빈)	느낀 점 조사를 하면서 새롭게 알게 된 것은 무엇인가? 우리 조사에서 자랑할만한 부분은 무엇인가? 조사를 다시 한다면 어떤 부분을 바꾸거나 보완하고 싶은가?
사빈 → 사구전면 → 사구마루 → 사구후면으로 진행하면서 나타나는 토양입도의 변화를 기술하라. 풍속과 토양입도의 관계를 기술하라.				

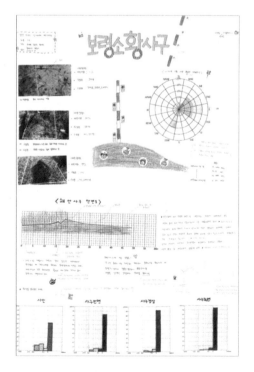

그림 4.1 포스터 제작 가이드라인 및 포스터 제작 사례
▶ 전주고등학교 사례

소리를 활용한 지역 학습

일반적으로 야외 조사는 시각에 절대적으로 의존해 왔다. 시각뿐 아니라 청각·후각·촉각·미각 등을 야외 조사에서 활용할 수 있으며, 이러한 감각들이 야외활동과 잘 통합되었을 때 야외학습의 효과는 강력해진다(Reynolds, 2012). 소리에 초점을 둔 야외 조사는 시각적인 요소를 축소하고 청각적 경험을 강조한다(Phillips 2015; Pocock, 1983). 의도적으로 눈을 가리거나 평소에 주의를 기울이지 않았던 소리를 기록하게 할 수 있다. 청각에 초점을 맞춘 야외 조사의 장점 중 하나는 최소한의 장비로 진행할 수 있다는 점이며, 필요한 것은 수동적으로 듣는(hear) 것이 아니라 능동적으로 듣겠다(listen)는 의지이다(Holmes, n.d.). 한편, 스마트폰의 등장에 따라 소리를 수집하고 공유하는 방식이 훨씬 쉽고 다양해졌다. 스마트폰으로 소리를 녹음하고, 사운드 클라우드(Soundcloud)와 같은 소셜 미디어 사이트를 통해 공유할 수 있으며, 이미지, 텍스트와 통합해서 비디오를 제작하는 것도 가능하다(Akbari, 2016).

파리의 에펠탑이나 시드니의 오페라하우스가 특정 지역을 상징하듯이 지역을 떠올리게 하는 소리가 있다. 예를 들어, 유명한 교회나 시계탑의 종소리 혹은 독특한 사이렌 소리는 지역을 상징하는 사운드마크(soundmark)가 된다. 사운드마크는 시각적인 상징물인 랜드마크(landmark)에 대응하는 개념으로 지역이나 장소를 대표하는 청각적인 상징물을 가리킨다(Schafer, 1993). 몬트리올의 교회 종소리나 이스탄불의 기도 시간을 알려주는 사이렌은 사운드마크의 좋은 사례이다(Akbari, 2016). 지역의 사운드마크를 지역 학습을 위해 활용할 수 있다. 한 지역의 사운드마크를 떠올려 보게 하거나 직접 수집하는 과정을 통해 다른 지역과 구별되는 지역의 특성을 이해할 수 있으며, 평소와는 다른 감각(청각)을 활용해 다른 방식으로 경관을 바라보는 경험을 하게 되는 장점도 있다. 한편, 지역에 대한 이미지가 사람마다 전부 동일하지 않기 때문에 사운드마크를 찾는 과정은 협력적이고, 구성적이며 동시에 창의적이다. 우리 동네를 대표하는 소리를 찾아라!는 우리 동네를 대표할 수 있는 소리를 생각해 보고, 수집하고, 지도(사운드맵)로 만들어보는 과정을 통해 지역을 이해하는 활동이다.

　우리 동네를 대표하는 소리를 찾아라!는 야외에서 소리를 수집하는 활동을 중심으로 계획-수집-정리/공유의 3단계로 구성된다. 계획 단계에서는 다양한 지역을 연상시킬 수 있는 소리를 활용한 문답활동을 통해 학생들의 소리에 대한 호기심을 유발하고, 랜드마크(landmark) 개념과의 비교를 통해 사운드마크의 개념을 이해한다. 산사의 풍경 소리, 어시장의 경매소리, 열대우림의 빗소리 등 지역의 특징이 뚜렷하게 드러나는 소

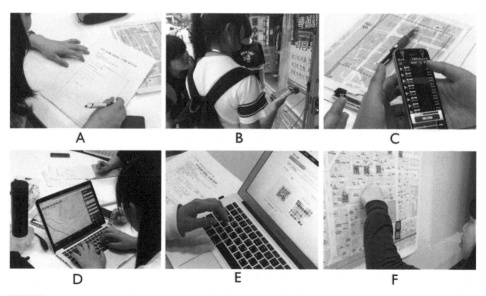

그림 5.1 우리 동네를 대표하는 소리를 찾아라! 활동의 주요 단계

　　　　　　　　　　　　　　　　　　　　새로운 사회 수업의 발견

리를 활용하는 것이 유리하다. 파리 에펠탑, 시드니 오페라하우스, 인도의 타지마할 등 유명한 랜드마크 사진을 차례로 보여주며 '이곳이 어디인가?', '어디인지 어떻게 알았는가?'를 물어보며 랜드마크의 개념을 이해한 후 소리가 지역을 대표(상징)할 수 있는지 묻는다. 이러한 일련의 질문을 통해 '사운드마크' 개념을 이해한다. 계획 단계의 마지막은 사운드마크 프로그램을 소개하고, 야외활동을 통해 수집할 소리의 목록을 결정하는 것이다(그림 5.1A). 학생들은 소그룹(3~4명)을 형성해 조사대상 지역(예, 동네, 학교 주변 등)의 특징을 논의하고, 수집할 소리의 목록을 결정한다. 이때 '이 소리는 이 동네에서만 들을 수 있는 소리인가?'와 같은 질문을 통해 학생들이 수집하게 될 소리가 과제에 적절한지를 생각해 보게 한다. 수집 단계에서는 계획 단계에서 준비한 소리를 야외에서 수집한다. 학생들은 소리를 들을 수 있을 만한 지역을 방문해 스마트폰으로 소리를 녹음하고, 녹음하는 장면을 촬영한다(그림 5.1B). 학생들에게 활동지역을 포함한 지도를 나눠주어 데이터(소리)를 수집한 지점을 표기하게 하고, 활동지역의 경계를 벗어나지 않도록 한다. 마지막으로 해당 소리를 수집한 이유를 간단하게 기록하게 한다. 학생들에게 활동 안내문 우리 동네를 대표하는 소리를 찾아라! **참조**을 제시할 수 있다. 정리/공유는 수집한 소리를 정리하고, 선정하고, 발표하는 단계이다. 소그룹별로 돌아가며 자신들이 수집한 소리를 들려주고 어떤 소리인지, 왜 이 소리를 수집했는지 추측해보게 한다. QR코드로 수집한 소리를 재생할 수 있는 소리지도(soundmap)를 제작한다. 이를 위해 학생들은 수집한 소리를 적절한 길이로 편집하고(그림 5.1C), 사운드 클라우드 (soundcloud.com) 사이트에 업로드하고, QR코드를 만들어 업로드한 소리파일과 연결한다(그림 5.1D). 그런 다음 QR코드를 출력해서 소리를 수집한 지도의 위치에 붙이는 방법으로 소리지도를 완성한다(그림 5.1F). 사운드맵 제작 안내문 우리 동네 사운드맵 만들기 **참조**을 제시할 수 있다.

사운드마크 프로그램의 참여는 학생들의 지역에 대한 관심과 이해의 향상을 가져왔다. 일부 학생들은 소리를 듣기 위해 종종 걸음을 멈춘다거나 주변지역에 더 관심을 갖게 되는 등 행동의 변화까지 경험하기도 했다. 한편, 프로그램을 진행한 교사들은 프로그램을 통해 학생들이 지역을 평소와는 다른 관점에서 볼 수 있게 된 부분을 강조했다.

우리 동네를 대표하는 소리를 찾아라!

우리 동네를 대표하는 소리를 찾아 동네를 소개하는 사운드맵을 만들 계획입니다. 우리의 미션은 아래와 같습니다.

● 소리를 수집하고 이유를 간략하게(2~3줄) 기록합니다. 예) "우리는 △△에서 ○○○소리를 채집하였습니다. 우리 동네는 옛날부터 □□□이 유명한데, ○○○소리를 들으면 □□□이 머릿속에 떠오르기 때문입니다."
● 소리를 수집하고 있는 모습을 사진으로 인증샷으로 남깁니다.
● 소리를 수집한 지점을 나눠준 지도에 표시합니다.
● 활동시간은 40분입니다. 시간을 꼭 지켜주세요.

채집한 위치	채집한 이유	지도에 표시했는가?	인증샷을 찍었는가?

우리 동네 사운드맵 만들기

1단계: 파일 업로드

● 수집한 소리를 사운드 클라우드를 활용해 공유할 것이다. 사운드 클라우드 사이트
(www.soundcloud.com)에 접속해서 계정을 만든다(ID와 패스워드).

● 수집한 소리를 사운드 클라우드에 업로드한다. 오른쪽 상단의 'upload'를 클릭하면 업로
드할 소리 파일을 선택할 수 있다. → 소리 파일을 선택하면 Title은 자동으로 채워진다.
'Upload image'에 수집한 소리에 해당하는 이미지(사진) 파일을 찾아 업로드 해보자. →
'Save' ※ 다른 정보는 굳이 입력하지 않아도 된다.

● 이제 파일 주소를 복사한다.

2단계: QR코드 만들기

● NAVER에서 QR코드 만들기를 검색한다. 나만의 QR코드 만들기를 선택한다.

● ①코드 제목(예, 열대우림)을 입력한다. [다음]

● ②링크 URL 입력(사운드 클라우드에서 Copy했던 URL을 붙여넣기 한다) → ③소개 글
(왜 우리 동네를 대표할 수 있는지에 대한 설명)을 입력
한다. [작성완료]

● 생성된 QR코드를 인쇄한다(코드인쇄). 가장 작은 사이
즈(1.8×1.8cm)로 인쇄한다.

3단계: 사운드맵 만들기

● 크게 출력된 지도 위에 소리가 채집된 위치를 확인하고
QR코드를 붙인다.

● 위 단계를 반복하여 사운드맵을 완성한다.

일부 교사들은 프로그램 참여를 통해 융합적 사고와 확산적 사고를 경험할 수 있다고 언급했다. 학생들의 지역에 대한 관심과 이해 정도는 프로그램을 수행하면서 자연스럽게 향상되었을 것이다. 우선, 학생들은 과제에 적합한 소리를 수집하기 위해 지역의 특성, 특히 다른 지역과 구분되는 특성에 대해 생각해 보아야 하고, 다른 학생들이 수집한 소리와 설명을 들으며 자신들이 가졌던 생각과 비교하게 된다. 또한, 학생들은 원하는 소리를 수집하기 위해 익숙한 지역뿐 아니라 평소 다니지 않던 지역까지 방문했을 가능성이 높다. 이러한 과정을 통해 학생들은 지역의 특성을 풍부하게 이해할 수 있었으며, 가본 적이 없는 지역의 범위도 줄게 됨에 따라 지역을 더 잘 이해하게 되었다고 응답했을 가능성이 높다.

한편, 학생들의 수집한 소리를 통해 학생들이 이해한 지역의 모습과 학생들의 창의적·상징적 표현력을 확인할 수도 있다. 지역성이 무엇인지를 파악하는 것과는 지역성을 나타낼 수 있는 소리를 찾는 것은 별개의 문제해결이다. 즉, 학생들이 지역을 잘 이해하고 지역성을 파악했다고 하더라도 이들을 표현(상징)할 수 있는 소리를 찾는 것은 쉽지 않다. 성공적인 과제수행을 위해 학생들은 지역성에 대한 풍부한 이해를 기초로 적절한 소리를 찾으려는 발산적 사고, 소리의 의사소통 가능성, 표현에서 은유와 상징에 대한 이해가 요구된다. 예를 들어, 아래는 서울 도심에 위치한 한옥마을 주변 학교의 학생들이 수집한 소리 및 소리에 대한 설명이다. 아래의 두 예시는 표현하고자 하는 지역성(예, 한옥마을, 노인인구가 많은 동네)이 다를 뿐 아니라 표현 방식에서도 차이가 있다.

사례1 도시형 한옥의 나무 출입문이 삐걱거리며 열리는 소리-한옥의 대문을 여닫을 때 나는 문소리가 이 지역의 한옥과 오랜 역사를 말해준다.

사례2 원서공원의 게이트볼 소리-이 동네에 어르신들이 많다는 것을 게이트볼 치는 소리로 보여줄 수 있다.

〈사례1〉이 나무 대문의 삐걱대는 소리를 통해 한옥마을을 표현했다면 〈사례2〉는 게

새로운 사회 수업의 발견

이트볼의 공소리를 통해 고령화된 마을의 특징을 상징적인 방식으로 표현했다. 〈사례 2〉는 과제를 수행하기 위해서는 지역성에 대한 이해와 다감각적 표현력이 중요하다는 사실을 보여준다. 즉, 많은 학생이 지역성(노인인구가 많은 동네) → 게이트볼을 즐기는 연령층(노령층) → 게이트볼 소리와 같은 유연한 방식으로 사고와 감각을 활용하는 것은 아니다.

사운드마크 프로그램은 짧은 기간에 비해 비교적 많은 학교에서 선택되었고, 자발적으로 확산된 특징이 있다. 학생들이 적극적으로 참여하는 형태 혹은 문제중심 학습이나 탐구 기반학습과 통합된 야외학습 프로그램들이 학술연구를 통해 발표되기는 하지만 대부분 예시적인 적용에 머무른다는 것을 감안한다면(이종원, 2020), 사운드마크 프로그램의 지속적이고 자발적인 확산은 주목할 필요가 있다. 그렇다면 사운드마크 프로그램은 다른 창의적 수업 콘텐츠에 비해 어떻게 효과적으로 확산될 수 있었을까? 우선, 사운드마크 프로그램은 교사들에게 새로운 학습경험의 가능성을 보여주었을 가능성이 높다. 교사들은 학생들에게 적절하고 새로운 학습경험을 제공해 줄 수 있다면 테크놀로지를 활용하거나 야외에서 활용하는 등과 같은 확산에 불리한 요소를 적극적으로 극복하려 하는 것으로 조사되었다(이종원, 2015). 둘째, 새로운 수업 자료는 쉽게 활용할 수 있다는 점을 보여주는 것이 중요하다. 새로운 수업 자료를 몇 장의 사진만으로 프로그램의 구조와 단계를 명확하게 소개할 수 있어야 하고, 특별한 준비(물) 없이도 쉽게 활용할 수 있겠다는 느낌을 교사들에게 심어줄 수 있어야 한다. 교사들은 새로운 수업 자료를 처음 접하게 되는 몇 분 내에 선택할지를 결정하고, 어떤 교육과정에 적용할지, 어떤 단원과 통합할지, 어떤 부분을 변형하고, 어떤 과제를 추가할 것인지 고민한다. 따라서 참여 교사들은 SNS에 올려진 사운드마크 프로그램의 활용 모습을 소개하는 몇 장의 사진을 통해 프로그램의 전체적인 구조와 흐름을 쉽게 이해했으며, 자신들도 어렵지 않게 활용할 수 있겠다는 인식을 가졌을 가능성이 높다. 마지막으로, 최근 중·고등학교에는 창의적이고 학습자의 참여를 강조하는 수업 자료에 대한 강한 수요가 있을 뿐 아니라 학교에는 항상 자신들의 수업을 변화시키고자 하는 교사들이 있다는 사실을 간과할 수 없다(이종원, 2015; 2016; 조헌·전보애·조대헌, 2018).

세계 유산
-
변해야 하는 것 vs. 변하지 말아야 할 것

    변해야 하는 것 vs. 변하지 말아야 할 것 활동은 관광산업으로 인해 급격한 변화를 경험한 지역(예, 경주 양동마을)을 대상으로 관광산업으로 인한 지역의 변화와 문제점을 조사하고, 지역의 지속 가능한 발전 방안을 찾아보는 것이 주요 목적이다. 경주 양동마을은 2010년 7월 안동 하회마을과 함께 세계문화유산으로 등재되었으며, 이는 우리나라에서 생활유산(living heritage)으로 세계문화유산에 등재된 첫 번째 사례에 해당한다. 하회마을과 양동마을의 입지와 건물 배치가 조선시대 선비문화와 씨족의 위계를 잘 나타낸다는 것이 등재의 주요 근거로 평가되었다. 양동마을은 세계문화유산으로 등재된 이후 관광수요의 증가와 복원사업으로 급격한 변화를 겪고 있다. 2011년에 양동마을 전체 주민들을 대상으로 진행한 설문조사 결과를 보면 세계문화유산 등재는 주민들의 마을에 대한 자부심을 높여준 것으로 나타났다. 특히, 세계 유산 등재의 후속 작업으로 진행된 문화의 복원이나 건축물 복구, 공공 기반시설의 확충, 화재나 안전에 대한 대비, 주민들의 직업(예, 관광업) 기회 확대에 기여한 것으로 평가되었다. 반면, 건물의 신·개축 금지와 관광객의 증가에 따른 사생활 침해, 비위생적인 초가의 불편함과 같은 문제점이 나타나기도 했다.

세계문화유산 지정 후 나타난 지역의 변화와 지역 주민들이 느끼는 만족과 문제점, 그리고 마을의 지속 가능한 발전 방안을 찾기 위해 학생들은 세 가지 데이터 수집활동에 참여하게 된다. 첫째, 경주 양동마을의 전체 가옥들을 기능 변화(기능변화 없음, 기능이 변화됨, 신축건물)를 기준으로 분류한다 전통가옥의 변화와 기능 변화 **참조**. 경주 양동마을에는 약 300여 가구의 전통가옥이 있으며, 구역을 나눠서(예, 4구역×8명) 조사를 진행할 경우 2시간이면 전부 조사가 가능하다. 조사를 위해 전통가옥의 위치가 표시된 지도가 필요하다. 둘째, 마을 주민들을 대상으로 세계문화유산 지정에 따른 문제점과 양동마을의 변화에 대한 만족도를 파악한다 지역 주민 설문조사 **참조**. 마지막으로 경주 양동마을의 지속 가능한 발전 방안을 찾기 위해 양동마을 내에서 변해야 할 것과 변하지 말아야 할 것(유형, 무형)을 찾아 사진을 찍고 설명한다 변해야 하는 것 vs. 변하지 말아야 할 것 **참조**.

교사가 데이터 수집방법을 준비했다 하더라도 학생들이 스스로 연구계획을 세우고 데이터 수집방법을 구상해 볼 기회를 갖는 것은 여전히 중요하다. 이때 학생들이 자신들의 생각을 자유롭게 표현할 수 있는 분위기를 만들고, 자신들이 제안한 아이디어를 진지하게 평가할 수 있는 기회를 주어야 한다. 대체로 학생들은 연구방법을 고민해 본 경험이 없다. '세계문화유산 등재 후 양동마을의 변화를 어떻게 조사할 수 있을까?'와 같은 질문에 학생들은 어쩌면, 학교에서 배운 대로 '시기가 다른 항공사진(혹은 지도)을 비교한다', '마을의 노인들에게 묻는다', '마을에 대한 기록물(예, 가옥과 인구규모, 방문객 수)을 조사한다'와 같은 아이디어를 제시할 수 있다. 이때 교사는 '그것을 조사하면 정말 마을의 변화를 파악할 수 있을까?', '그런 자료는 어디서 구할 수 있을까?', '그런 자료가 정말 존재할까?', '여러분들이 직접 그 방법으로 조사할 수 있을까?'와 같은 질문을 던질 수 있다. 이런 질문만으로 학생들의 피상적인 연구방법과 제안을 걸러낼 수 있다. 만일 학생들이 제안한 데이터 수집방법이 훌륭하다면 그것을 그대로 사용할 수 있고, 교사가 준비한 데이터 수집방법과 합쳐서 활용하거나 사용하는 것도 가능하다. 개인이나 소그룹의 연구 수립능력을 평가하고 싶다면, 전체가 공유하는 안내질문 및 데이터 수집방법과는 별개로 추가적으로 안내질문과 이를 위한 데이터 수집방법을 개인별/소그룹별로 개발하도록 요구할 수 있다.

전통가옥의 변화와 기능 변화

경주 양동마을은 세계문화유산으로 등재된 이후 사라진 전통가옥을 복원하거나 옛 모습으로 복구하는 작업이 진행되고 있다. 또한, 기존의 전통가옥들이 주로 거주 목적으로 사용되었다면 최근에는 증가한 관광수요에 맞춰 식당, 카페, 민박 등으로 사용되는 사례가 증가하고 있다. 양동마을의 전체 가옥을 대상으로 가옥의 기능이 변화했는지를 조사하고 이를 통해 경주 양동마을의 변화를 판단하는 과제이다.

학생들에게 양동마을의 전체 가옥이 표시된 백지도를 제공하고, 학생들은 조사결과를 바탕으로 가옥의 색깔을 바꾼다. 예를 들어, 전통가옥이 본래 기능(주거)을 유지하고 있다면 검은색(■)을 표시하고, 전통가옥이 카페나 식당으로 활용되고 있어 기능이 변화했다고 판단되면 회색(▨)으로 표시하고, 없었던 건물이 새로 지어졌다면 흰색(□)으로 표시한다.

전통가옥의 기능 변화 사례-기능 변화 없음(A), 카페로 활용(B), 신축 화장실(C)

GIS 프로그램을 활용할 경우 데이터를 입력하고 저장하고, 관리하는 것이 쉬울 뿐 아니라 공유하는 것도 편리하다. 활동에 참여한 10여 개 학교는 ArcGIS Collector라는 GIS 프로그램을 아이패드에 설치하여 데이터 수집에 활용하였다.

아이패드에 설치된 GIS 프로그램을 활용해 가옥의 변화 정보를 입력하는 모습(왼쪽)과 데이터 입력 전후의 모습(오른쪽)

새로운 사회 수업의 발견

지역 주민 설문조사

1. 양동마을이 세계문화유산으로 등재된 이후 마을에 생겨난 변화에 대해 조사하고 있습니다. 다음에 대해 어떻게 생각하십니까?	매우 그렇다	그렇다	그렇지 않다	전혀 그렇지 않다	모르겠다
① 일자리 기회가 증가하였다.		V			
② 기관이나 주변에서 관광산업에 참여하도록 권장한다.			V		
③ 집값이나 땅값이 올랐다.					
④ 공적인 기반시설(예, 교통)이 좋아졌다.					
⑤ 치안상황이 좋아졌다.					
⑥ 양동마을의 문화적 정체성을 보전할 수 있게 되었다.					
⑦ 가옥이나 마을시설에 대한 보수, 복원이 증가하였다.					
⑧ 쓰레기가 증가하였다.					
⑨ 소음 문제가 발생했다.					
⑩ 도난이나 범죄가 증가하였다.					
⑪ 사생활 침해(예, 집안 내부 들여다보기 등)가 발생했다.					
⑫ 가옥을 증축하거나 변경하기 어렵다.					
⑬ 음식점이 많아지고 관광객이 증가함에 따라 마을 분위기가 바뀌었다.					
⑭ 마을을 유원지나 테마파크 정도로 생각하고 찾아오는 관광객이 불편하다.					

2. 세계문화유산으로 등재된 이후 더 살기 좋은 마을이 되었나요?
3. 양동마을에서 변하지 말고 지켜야 하는 것이 있다면 무엇입니까?

설문조사 문항을 개발할 때 지역에 대한 연구물(예, 학술논문 등)을 참조하는 것이 좋다. 이미 이슈가 된 지역들의 경우 비슷한 주제로 연구가 진행된 사례들이 많아 설문조사 문항을 개발하는 데 도움을 받을 수 있다. 설문조사를 진행하기로 했다면 우선 학생들에게 설문문항을 개발할 수 있는 기회를 제공한 다음 그러한 문항을 통해 원하는 답변을 얻을 수 있는지, 실제 조사에서 그러한 질문을 던질 수 있는지 물어보는 것도 좋은 피드백이 된다. 학생들이 설문개발에 어려움을 겪는다면 절반 정도 완성된 형태의 설문을 제공하고 나머지 부분을 완성하도록 하는 것도 방법이 된다. 학생들이 실제 활용을 염두에 두고 설문을 개발한 경험이 거의 없다. 따라서 설문개발이 처음이라면 상황에 맞춰 예시나 필요한 피드백을 제공하는 것이 중요하다. 한편, 설문지를 구글이나 네이버로 작성한다면 소그룹 간에 데이터를 공유하기 쉽고, 곧바로 결과를 확인할 수 있다. 양동마을에는 주로 나이가 많은 할머니, 할아버지만 만날 수 있다. 설문의 질문을 그대로 읽지 말고 주민들이 이해하기 쉽도록 풀어서 질문하도록 안내한다.

본 활동은 '××지역에서 변해야 하는 것 vs. 변하지 말아야 하는 것'으로 변형해서 다른 지역에 적용할 수 있다. 실제로 교사연수를 받은 선생님 중 몇몇 분은 대구의 김광석 거리에서 적용해 보거나 학생들과 함께 방문한 부산의 학급여행에 적용하기도 했다.

변해야 하는 것 vs. 변하지 말아야 할 것

양동마을은 오히려 빠르게 변화하지 않고 한편으로는 고집스럽게 전통문화를 고수하였기 때문에 지난 500년간 마을의 문화를 비교적 온전하게 유지할 수 있었으며, 나아가 세계문화유산으로 등재될 수 있었다. 양동마을이 앞으로 500년 더 유지되고 발전하기 위해서는 필요한 것은 무엇일까? 양동마을에서 변해야 하는 것과 변하지 말아야 하는 것을 찾아보자.

● 양동마을에서 변해야 하는 것은 무엇인가? 사진을 찍고, 설명해 보자.
● 양동마을에서 변하지 말아야 하는 것은 무엇인가? (유형과 무형을 함께 찾아보자) 사진을 찍고, 설명해 보자.

학생들이 찾은 양동마을에서 변해야 하는 것과 변하지 말아야 하는 것들(예시)

A. 500년 된 향나무-보존해야 함[유형], B. 마을주민들의 발-보존해야 함[유형], C. 마을주민들 간의 신뢰-보존해야 함[무형], D. 전통가옥과 어울리지 않는 음료자판기-변해야 함[유형], E. 마을의 중심 역할을 해온 정자-보존해야 함[유형], F. 함부로 버려진 쓰레기들-변해야 함[유형]

지역 축제 조사

지역성을 이해하기 위한 방법으로 혹은 지역개발을 위한 전략으로서 지역 축제는 흥미로운 조사대상이 된다. '×××지역의 축제는 성공적인 지역 축제의 조건을 갖추고 있는가?'를 핵심 질문으로 설정할 수 있으며, 성공적인 지역 축제가 갖추어야 할 조건 ^{성공적인 축제를 위한 요소들} **참조**을 미리 준비해 둔다면 야외 조사에 쏟아야 할 시간을 줄일 수 있다. 핵심 질문에 답하기 위해 지역을 방문하는 방문객을 대상으로 설문조사를 진행하거나 ^{축제 평가 설문} **참조** 축제를 기획한 기관의 담당자를 대상으로 인터뷰를 계획할 수 있다 ^{담당자 인터뷰} **참조**. 또한, 함께 방문하는 학생들의 숫자가 많다면 학생들이 방문객의 역할이 되어 지역 축제를 평가하는 것도 가능하다 ^{방문객 시나리오} **참조**. 화천 산천어 축제, 보령 머드축제, 함평 나비축제, 대구 치맥축제, 무주 반딧불축제, 진주 남강유등축제 등 다양한 지역의 축제를 조사할 수 있다. 유명 축제를 선정하는 것도 좋지만, 자신이 속한 지역의 축제를 조사하는 것이 지역 및 자원(자료)에 대한 접근성, 배경에 대한 이해, 조사의 실제성 및 효용성 측면에서 유리하다.

❶ 창조적 아이디어를 바탕으로 한 콘텐츠

방문객은 일상의 규칙과 규범으로부터 벗어난 비일상적인 경험을 추구한다. 빌리지 할로윈 퍼레이드(Village Halloween Parade)는 뉴욕의 예술가와 일반시민들의 창조성을 가장 잘 발현하는 축제로 유명하다. 코스튬을 착용하고 축제장을 찾는 방문객들은 축제의 중요한 소비자인 동시에 창조자로서 축제의 핵심적 매력 요소이다. halloween-nyc.com/

❷ 지역 주민이 중심이 되는 축제경영

성공하는 축제의 대부분이 민간 주도 축제로 마을 중심으로 주민이 직접 참여한다. 일본 아오모리 네부타 마츠리는 축제 기획부터 평가까지 모든 과정에서 지역민의 높은 참여가 돋보인다. 지역 주민들은 자발적인 주민모임을 통해서 네부타 제작과 관련한 비용 모금뿐 아니라 네부타 제작, 관광 홍보 활동과 같은 자원봉사 활동에까지 참여한다. '어린이 네부타'가 별도 마련되어 있으며, 성인이 되어서도 그 참여가 이어져 자연스럽게 축제 참여가 마을의 전통이 되는 선순환으로 연결된다. www.nebuta.or.jp/

❸ 지역성을 활용한 축제

지역의 장소적 특색을 잘 나타낼 수 있는 자원을 발굴하고, 축제의 핵심 주제에 반영시켜 지역 고유의 축제라는 상징성을 강화한다. 축제를 구성하는 세부 프로그램도 장소적 특성을 잘 나타내주는 자원들을 이용하여 축제 방문객들에게 일관된 경험을 제공하여 축제의 고유성을 강화해야 한다. 뮌헨은 호프브로이, 뢰벤브로이 등 6개의 맥주회사가 소재하는 곳으로 이 회사들이 축제를 후원하면서 옥토버페스트는 독일을 대표하는 국민축제로 발전했다. 대중적이고 세계적으로 공감을 얻을 수 있는 지역특산 브랜드 및 상품을 명품화, 특성화하여 지역 내 경제를 활성화한 사례이다. www.oktoberfest.de/en/

❹ 체험할 수 있는 기회 제공

축제에서 평소에 보지 못했던 것을 볼 수 있고, 평소에 하지 못했던 행동을 체험할 수 있도록 프로그램 기획한다. 축제에서는 일상생활 규범에서 벗어나는 일탈행위가 특별한 시공간 내에서 제도적으로 보장되는 기회이다. 스페인의 부뇰 토마토 축제에 참가한 사람들은 허락된 시간에 잘 익은 토마토를 서로에게 던지며 축제를 즐긴다. www.tomatina.es/

출처: 이수진, 2013, 지역살리기와 축제, 이슈 & 진단, 95, 1-25.

축제 평가 설문

구분		매우 그렇다 (5점)	그렇다 (4점)	보통 이다 (3점)	그렇지 않다 (2점)	전혀 그렇지 않다 (1점)
창의적인 콘텐츠/ 체험 프로그램	××축제(예, 유등 축제)는 일상에서 벗어난 느낌을 주었다.					
	××축제에 참여하고 싶은 프로그램이 많다.					
	××축제의 콘텐츠가 새롭다(흥미롭다).					
	××축제는 지역의 전통으로 자리 잡았다.					
주민 참여	지역 주민들이 ××축제의 주체로 참여하고 있다.					
	××축제에 참여한 주민들의 자부심을 엿볼 수 있다.					
	(외부 관광객뿐만 아니라) 지역 주민들도 ××축제를 즐기고 있다.					
	지역 주민들과 함께 할 수 있는 기회가 있다 (예, 지역 주민으로부터 배울 수 있는 기회).					
지역성 반영	××축제의 체험 프로그램들은 지역의 특성을 반영하고 있다.					
	××축제의 공식부스에서 판매하는 기념품/특산품은 지역에서만 볼 수 있는 것이다.					
	××축제의 공식부스에서 판매하는 음식은 지역의 특성을 반영하고 있다.					
	××축제에 사용된 각종 상징물들은 지역의 특성을 반영하고 있다.					
운영/ 편의시설	편의시설(화장실, 안내, 주차장 등)은 충분하며, 적절한 곳에 배치되어 있다.					
	편의시설(화장실, 안내, 주차장 등)은 깨끗하며, 적절하게 관리되고 있다.					
	축제는 시간에 맞게, 원활하게 운영되고 있다.					
	축제 관련 정보를 쉽게 알 수 있다.					

지역 축제를 평가하기 위한 방문객 대상의 설문지이다. 일반 방문객을 대상으로 설문을 진행한다면 연령대, 성별, 어디에서 왔는지, 누구와 함께 왔는지, [지역성] ××지역의 특성은 무엇인지, [지역성 반영] 축제 프로그램 중에서 ××지역의 특성을 반영한 프로그램은 무엇인지, [만족도] 다른 사람들에게 추천하고 싶은지, [개선점] 개선해야 할 점은 무엇인지를 추가로 물어볼 수 있다. 설문조사 결과를 분석하기 위해 영역별 점수를 합산한 후(영역별 합계는 20점) 방사형 그래프(Radar chart)를 작성한다.

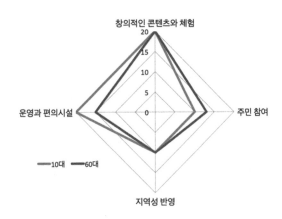

그림 7.1 설문결과 분석

| 축제 담당자 인터뷰 |

- 지역개발의 측면에서 ×축제의 목표는 무엇입니까?
- ××지역의 ×축제는 다른 지역의 축제와 어떤 측면에서 차별화가 있습니까?
- ×축제에 지역 주민들은 어떤 방식으로 참여하고 있습니까?
- ×축제에서 지역성을 반영한 프로그램은 무엇입니까?
- ×축제는 성공적이라고 평가하십니까? 성공적인지 어떻게 알 수 있습니까?
- ×축제로 인한 문제점은 무엇이라고 생각하십니까?

축제 담당자를 인터뷰하려 한다면 지도교사는 그 담당자를 미리 섭외해 두어야 한다. 축제의 홍보담당자나 자원봉사자들로부터는 원하는 정보를 듣기 어렵기 때문에 시청이나 군청의 축제 담당자를 파악해서 인터뷰 약속을 잡고, 필요하다면 질문지를

방문객 시나리오

● 하나의 역할을 선택하라.

● 경험하고 싶은 것이 있다면 기록하라. 경험(체험)에 비용이 발생한다면 비용을 기록하라.

● 구매하고 싶은 상품(예, 기념품, 음식 등)이 있다면 기록하고 비용을 기록하라.

친구들과 놀러온 10대	20대 연인
체험! 체험! 체험! 아무래도 학생이니까 돈이 충분치는 않아서 공짜로 볼 수 있는 프로그램이 많았으면 좋겠어요. 그러면서도 알찬 프로그램이요. 뭔가 공부에서 해방된 것 같은 새로운 경험을 해 보고 싶어요. 특색 있는 맛있는 음식도 먹고 싶습니다! 예산: 1만원	저희는 공정여행에 관심이 많습니다. 방문객만 즐기는 것이 아니라 축제를 준비한 주민들과 어울릴 수 있는 그런 기회를 가질 수 있으면 좋겠어요. 그리고 부모님 선물로 기념품을 하나씩 구입할 예정입니다. 지역의 문화나 정체성이 드러날 수 있는 그런 상품이면 더할 나위 없이 좋겠습니다. 예산: 3만원
가족들과 함께 온 40대 가장	60대 은퇴한 부부
부인 및 두 명의 어린 자녀(2세, 6세)와 함께 왔습니다. 무엇보다 어린 자녀들이 참여할 수 있는 안전한 체험활동이 좋습니다. 동시에 교육적인 활동이면 좋겠어요. 즐거우면서도 교육적인 그런 활동이 아무래도 좋겠죠. 그리고 유모차를 끌고 다니기 편리할까요? 아이들을 위해서라도 화장실이 가까운 데 많이 있으면 좋겠어요. 예산: 5만원	비슷비슷한 이벤트보다는 소박하지만 그 지역에서만 경험할 수 있는 그런 것이 이젠 좋아요. 돈을 좀 지불하더라도 제대로 된 체험이나 식사를 할 수 있다면 좋겠습니다. 지역의 특산물도 사서 가고 싶어요. 그런데 요즘 어딜 가나 파는 것들이 전부 다 똑같은 것 같아요. 예산: 10만원

미리 전달하는 것이 좋다. 학생들의 방문객 시나리오 및 설문 결과를 인터뷰 질문에 포함한다면 수준 있는 답변을 얻을 수 있을 것이다.

방문객 시나리오 활동을 통해 다양한 형태의 방문객 역할을 수행하고 그 경험을 바탕으로 축제를 평가할 수 있다. 학생들이 수행해야 하는 역할은 네 가지-친구들과 함께 놀러 온 10대, 20대 연인들, 가족끼리 온 40대 가장, 60대 부부-이다(지역 축제의 특성에 맞춰 역할을 바꾸거나 추가할 수 있다). 각각의 역할에는 수행해야 하는 임무와 역할에 따른 제약이 존재한다. 학생들은 그들이 경험하고(참여하고) 싶거나 구매하고 싶은 상품과 예산을 기록해야 한다. 가상의 방문객 역할을 수행했다면 보고서 또한 가상의 방문객 입장에서 작성하는 것도 가능하다. 체험의 내용을 기록하고, 상품을 구매했다면(물론 가상으로) 구매한 상품의 내역과 상품 가격을 기록하고, 느낌과 소감도 간략하게 기록한다. 중요한 것은 자신이 아니라 자신이 맡은 역할의 입장에서 상품과 서비스를 구매하고, 경험을 기술하는 것이다.

제주 오름
–
최적의 방문객 수를 찾아라!

　최근 제주 오름은 관광객들의 새로운 탐방지로 주목받고 있다. 많은 사람이 오름을 방문하게 됨에 따라 오름 주변의 경관이 변화하고 있으며 증가한 관광객의 수는 환경에도 영향을 미치고 있다. 가령, 유명 오름 주변에는 주차장이 생겨나고, 관광객들의 증가로 인해 탐방로를 따라 토양침식이 발생하기도 한다. 이번 활동을 통해 학생들은 관광객의 증가로 인해 나타난 오름의 변화를 수용력이라는 개념에 맞춰 조사하고, 제주 오름의 적정 수용력을 계산해 본다.

　본 활동은 제주의 오름 중 방문객이 많은 오름(예, 백약이 오름)을 대상으로 제작되었으며, 본 활동을 위해 세 가지 데이터를 조사할 수 있다. 오름의 생태적 수용력을 조사하기 위해 탐방로 훼손 상태 **탐방로 침식상태 조사 참조**와 토양 경도를 조사한다 **탐방로 토양 경도 측정 참조**. 오름의 물리적 수용력을 조사하기 위해 탐방로 및 주차장의 최대/적정 수용인원을 계산한다 **탐방로 및 주차장 수용 인원 참조**. 오름의 사회/심리적 수용력을 조사하기 위해 방문객을 대상으로 혼잡도 및 만족도를 설문조사 한다 **탐방객 설문 참조**.

　방문객 숫자는 탐방로의 침식에 직접적인 영향을 미친다. 탐방객이 증가하면 탐방로를 덮고 있던 풀이나 낙엽들은 사라지게 되며 오름의 토양이 드러나게 되어 침식이 수용력이란 대상지 본래의 바람직한 조건들을 유지하면서 휴양을 제공할 수 있는 이용자의 수를 의미하며, 물리적 수용력, 생태적 수용력, 사회/심리적 수용력으로 구분한다.

· **생태적 수용력**이란 식생, 토양, 물, 야생동물들이 환경생태계에서 자기 회복 능력의 범위 내에서 인간의 활동을 흡수하고 지탱해 낼 수 있는 능력을 말한다.

· **물리적 수용력**이란 일정 지역 내에 입장시키거나 통제할 수 있는 최대 인원을 말하며 인공 구조물이나 시설물 규모를 통해 조사한다.

· **사회/심리적 수용력**이란 일정 수준의 질을 유지하고 만족을 느끼기 위한 환경조건이며, 이용자의 시각에서 만족도의 저하를 느끼지 않으면서 최대의 만족을 누릴 수 있는 이용자 수와 행위 정도를 의미한다.

가속화될 수 있다. 이 상태가 지속될 경우 탐방로는 아래쪽으로 패게 될 뿐 아니라 원래 탐방로가 아니었던 옆 부분까지 확대가 되기도 한다. 한편, 탐방객들이 같은 탐방로를 밟게 됨에 따라 토양이 압축되는 현상이 발생한다. 탐방로가 압축될 경우 비가 오더라도 스며들지 못하고 고이기 쉽고 물웅덩이가 생길 수 있어 침식에 취약하게 된다. 따라서 토양의 압축된 상태를 측정하는 것은 침식에 얼마나 취약한지를 파악하는 중요한 지표가 된다. 소그룹별로 원하는 지점을 골라 탐방로의 횡축을 따라 토양경도를 측정하고 기록한다. 토양경도의 측정지점은 지도 탐방로 침식상태 조사 **참조**에 표시한다. 토양경도 조사값은 막대그래프로 작성한다.

야외 조사를 통해 수집한 자료는 지도, 그래프(설문), 사진 등 시각적인 자료들이 많기 때문에 동영상이나 포스터와 같은 시각적 형태의 최종 결과물을 제작하는 것이 효과적이다(그림 8.1).

탐방로 침식상태 조사

오름 탐방로의 침식상태를 기준에 따라 분류하고 표현하는 과제이다. 탐방로를 따라 걸으며 침식 정도에 맞춰 분류하고 색칠한다.

① 주차장, 화장실 등 인공 시설물의 위치를 표시한다.
② 탐방로의 상태를 아래 기준에 맞춰 색으로 분류한다.
③ 각각의 상태를 대표할 수 있는 사진을 1장씩 찍는다.

1		**양호한 상태** ■ 탐방로가 식생(풀), 낙엽, 표토로 덮여 있음. 뚜렷한 토양침식의 흔적이 없음.
2		**침식된 상태** ■ 탐방로가 침식으로 낮아지거나, 폭이 넓어짐. 식생이 제거되고 기반암(스코리아)이 곳곳에 드러남.
3		**샛길** 정식 탐방로가 아닌 길이 생겨남. 거리를 단축하려는 의도.
4		**관리된 상태** ■ 탐방로에 대한 보호 장치(예, 야자매트)가 설치됨. 탐방로 주변으로 뚜렷한 침식의 흔적이 없음.
5		**훼손된 상태** ■ 탐방로의 보호 장치 주변으로 침식이 진행된 상태. 보호 장치 없이 침식되었다면 침식된 상태.

새로운 사회 수업의 발견

탐방로 토양 경도 측정

토양의 딱딱함 정도를 '경도'라 하며 토양 경도계를 통해 측정할 수 있다. 탐방로의 침식이 활발하게 진행된 곳을 골라 토양 경도를 측정한다.

탐방로 바깥			탐방로									탐방로 바깥		
A	B	C	1	2	3	4	5	6	7	8	9	D	E	F

토양 경도계 및 측정방법-토양 경도계를 측정하려는 지점에 대고 앞부분(원뿔)이 토양에 묻힐 때까지 누른 다음 수치를 읽는다. 경도가 강할수록 수치는 올라간다.

탐방로 및 주차장 수용 인원

아래 공식을 토대로 탐방로의 최대 및 적정 수용 인원을 계산하고 실제 이용률과 비교해 보자.

공식	예시	계산
탐방로 최대 수용 인원(명) = 탐방로 면적(탐방로 길이×1.5m)/10m² (탐방로의 길이는 지도에서 측정해 보자) **탐방로 적정 수용 인원(명)** =탐방로 면적/34m² **탐방로 이용객 현황** = 일정 구간(예, 100m) 내에 위치한 탐방객의 수를 세어보자.	※ 전체 탐방로의 길이가 1,000m이고, 이 구간에 탐방객의 숫자가 100명이 있는 상황 가정 **탐방로 최대 수용 인원(명)** = 1,000m×1.5m/10m²=1,500 **탐방로 적정 수용 인원(명)** = 1,500/34m²=44.11명 **탐방로 이용객 현황**: 일정 구간(예, 1,000m) 내에 위치한 탐방객의 수를 세어보자. = 100명 **탐방로 이용객 현황 평가**: 적정 수용 인원(44.11명) 대비 현황(100명)을 기준으로 2배 이상 많은 인원이 방문하고 있는 상황이다.	탐방로 최대 수용 인원(명) 탐방로 적정 수용 인원(명) 탐방로 이용객 현황 탐방로 이용객 현황 평가

주차장의 수용력은 전체 주차가능대수와 주차현황을 비교하는 방법으로 계산할 수 있다.

- 주차가능대수=대형차량 주차가능대수×45×0.9(이용률)+소형차량 주차가능대수×4× 0.9(이용률)
- 주차현황=위의 공식에 실제로 주차된 차량의 대수를 기입하여 주차현황을 계산한다. 주차장 이외의 지역(예, 주차장 밖, 도로변 등)에 주차된 차량이 있는가? 사진을 찍어보자.

탐방객 설문

안녕하십니까? 저희는 ××고등학교 ××동아리 소속의 학생들입니다. 저희 동아리에서는 오름을 찾는 방문객들을 대상으로 오름의 혼잡도 및 만족도를 조사하여 오름의 체계적인 관리 방안을 찾아보고자 설문조사를 진행하고 있습니다. 이 설문은 저희가 수행하는 프로젝트 외에는 어떤 용도로도 사용되지 않을 것이며, 귀하께서 작성하시는 설문지는 저희에게 귀중한 자료가 됩니다. 감사합니다.

××고등학교 김○○, 이○○, 최○○, 박○○

1 성별 : 남 (　) 여 (　)

2 연령 : 20대 이하(　) 30대(　) 40대(　) 50대(　) 60대 이상(　)

3 귀하를 포함하여 몇 분이 ××오름을 방문하셨습니까?

　　1명(　) 2-3명(　) 4-5명(　) 6명 이상(　)

4 오늘 ××오름에는 누구와 함께 오셨습니까?

　　가족/친척(　) 친구/동료/연인(　) 혼자(　) 소속단체(　) 여행사 단체(　) 기타(　)

5 오늘 이 오름을 방문하시면서 방문한 사람들의 수가 많다고 느끼십니까?

　　5-1 그렇다. 귀하께서는 앞으로 이 지점의 방문객 수가 현재 방문객 수보다 몇% 줄어야 한다고 생각하십니까?

　　10%(　) 20%(　) 30%(　) 40%(　) 50% 이상(　)

　　(이유) _____

　　5-2 그렇지 않다. 귀하께서는 앞으로 이 지점의 방문객 수가 현재 방문객 수보다 몇%까지 늘어도 된다고 생각하십니까?

　　10%(　) 20%(　) 30%(　) 40%(　) 50% 이상(　)

　　(이유) _____

6 전체적으로 ××오름의 탐방로 상태에 대해 어떻게 생각하십니까?

　　매우 좋다(　) 좋다(　) 보통(　) 좋지 않다(　) 매우 좋지 않다(　)

7 귀하의 방문 경험이 만족스럽기 위해 앞 사람과의 거리가 최소한 어느 정도 떨어져 있어야 한다고 생각하십니까?

　　2m(　) 5m(　) 10m(　) 20m(　) 50m 이상(　) 상관없다(　)

8 ××오름의 자연생태계 회복을 위해 ××오름의 방문객 수를 일정 수준 이하로 제한하는 것에 대한 어떻게 생각하십니까?

　　매우 반대(　) 반대(　) 중립(　) 찬성(　) 매우 찬성(　)

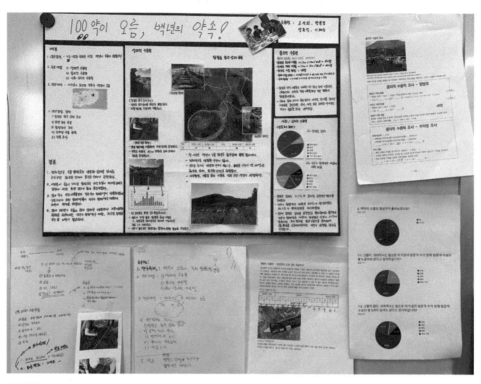

그림 8.1 탐라지리연구회 교사연수에 참여한 선생님들이 만든 결과물(2019년 8월)

새로운 사회 수업의 발견

1) 당시 성공회를 전파하려던 선교사들은 종교가 토착화되기 위해서는 현지인들의 생활과 문화 속으로 깊숙이 파고들어야 한다고 생각했다. 그래서 서양의 성당 모습 대신 당시 한국에서 흔히 볼 수 있던 한옥과 절의 모습을 한 성당을 짓고자 했다. 강화성당을 짓기 위해 백두산에서 백목을 목재를 사용하고, 경복궁 중건에 참여한 대목수를 공사에 참여시키는 등 성공회 신부들은 강화성당에 많은 노력을 쏟았다. 겉모양은 한옥이나 절의 모습이지만 자세히 살펴보면 성당의 '구조'를 발견할 수 있다. 한옥들은 일반적으로 좌-우로 긴 형태를 띠지만 강화성당은 앞-뒤가 긴 모습이다. 또한, 본당으로 들어서기 전 통과해야 하는 외삼문과 내삼문은 절의 일주문과 천왕문을 상징한다는 설명도 있다. 내삼문의 한쪽에는 범종이 있으며, 불교의 연꽃무늬 대신 십자가를 발견할 수 있다. 성당의 내부를 보면 이러한 특징이 더욱 확실하게 드러나는데 긴 직사각형 모양의 예배공간이 길게 늘어서 있고 신랑(중앙 공간)과 측랑(옆 공간)이 줄지어 선 기둥으로 분리되어 있다. 이러한 구조는 서양의 바실리카(basilica) 교회건축 양식을 반영하는 것이다.

2) 강화지역은 우리나라의 도서지역 가운데 논의 비율이 가장 높다. 이는 고려시대 이후 꾸준히 진행된 간척사업의 결과이다. 강화지역의 간척지는 강화도 전체 면적의 약 1/3에 해당하며 해발고도 10m 이하의 광활한 평지는 모두 간척사업으로 조성된 평야로 보면 된다. 1232년(고종 12) 고려는 몽골의 침략에 대비하기 위해 수도를 강화로 옮기게 된다. 강화 천도의 결과 많은 인구가 강화도로 유입되었고 강화도는 식량난을 겪게 된다. 이에 고종은 강화도의 해안가에 제방을 쌓고 농토를 확보하도록 했는데, 이 내용이 『고려사절요』를 통해 전해진다. "3품 이하의 문무관과 권무(權務) 이상의 관리에게 명하여 장정(丁夫)들을 차출하여 제포(梯浦)와 와포(瓦浦)에 방축을 쌓아 좌둔전(左屯田)을 만들고, 이포(狸浦)와 초포(草浦)에는 우둔전(右屯田)을 만들었다." 조선시대에도 강화도의 간척사업은 계속되었으며, 조선 숙종 때 강화도의 주요 제방의 하나인 선두포언(船頭浦堰)이 건설되었다. 선두포언의 완공을 위해 11만 명이 동원되었으며 쌀 2,000석과 철 7,000근이 소요되었다는 기록이 남아 있다.

3) 산업의 성장과 쇠퇴는 지역에 많은 영향을 미친다. 강원도 정선군 사북, 고한은 대한민국의 그 어느 지역보다 지난 50년 동안 많은 변화를 겪은 지역이다. 경지가 부족한 전형적인 빈촌/산촌이었던 이곳에는 1960년대 초 탄광이 개발되면서 외지인들이 기회와 일자리를 찾아 몰려들었다. 산비탈을 따라 광부들을 위한 사택이 들어섰으며, 좁은 하천의 골짜기 양옆으로는 판자촌이 줄을 이었다. 사북시내에는 광부들을 위한 식당과 다방, 막걸릿집들이 성행하였고, 사람과 돈이 넘쳐 그야말로 개들도 지폐를 물고 다녔다는 말이 나왔다. 이후 연료의 비중이 석탄에서 석유로 옮겨가게 되고, 상대적으로 석탄의 채굴 비용은 점차 증가함에 따라 정부에서는 경제성이 낮은 탄광을 정리하는데 이를 '석탄산업합리화 정책'이라 부른다. 1989년에 시작된 석탄산업합리화 정책으로 이 지역의 탄광들은 하나씩 문을 닫게 되었으며, 이로 인해 지역은 실업자가 증가하고, 지역경제는 큰 타격을 입게 되었다. 이에 대한 대책으로 정부에서는 이 지역을 관광지로 조성하고자 했으며, 이 과정에서 2000년에 내국인을 대상으로 한 첫 카지노(강원랜드)가 정선군에 세워졌다. 강원랜드 카지노가 들어서면서 관광객이 증가하고, 지역의 고용률이 높아지는 등 긍정적인 변화가 나타났지만, 한편으로는 술집·모텔·전당포 등이 증가함에 따라 지역의 분위기는 많이 달라졌다.

4) 1. 광업/ 오락문화 및 운동 관련

2. 사북의 동원탄좌는 1963년 시작되어 1978년에는 석탄국내생산 1위를 달성한다. 하지만 1989년 석탄생산합리화정책 이후 생산량이 급감하였으며, 2004년 최종적으로 폐광되었다. 폐광의 영향은 사북읍, 고한읍 지역의 인구변화 표를 통해서도 확인이 가능하다.

3. 오락문화 및 운동 관련

4. 숙박/음식업 부분에서 증가가 나타났다. 사북읍은 294명에서 442명으로 50.3% 증가했으며, 고한읍은 237명에서 330명으로 39.2% 증가했다.

5. 아마도 카지노의 건설은 지역의 범죄 발생과 연관이 있을 것이다.

5) 신뢰할 만한 설문조사 결과를 얻기 위해서는 많은 수의 설문지가 필요하지만 모든 학생이 각각 50부 이상의 설문을 받을 수는 없다. 만일 설문을 함께 개발하고 스마트폰 등을 통해 설문지를 공유한다면 학생 1명당 2~4편의 설문을 받는 것만으로 50편 이상의 설문결과를 받을 수 있다. 또한 대부분의 설문조사 도구(예, 구글폼)는 데이터가 입력되자마자 결과를 그래프 등의 형식으로 보여준다. 이 경우 학생들에게는 설문조사의 경험을 제공할 수 있고, 모든 학생에게 50개의 설문조사 결과를 토대로 학생별 개인 보고서를 작성하게 할 수 있다.

6) 어촌마을에서 바다는 '바라보는' 대상이라기보다는 해산물을 채취하고 생계를 꾸려가는 공간으로 이용된다. 하지만 관광객의 시선은 다르다. 해안 경관이 일상에서 벗어난 낭만적 '아름다움'으로 표상된다. 전형적인 촌락의 노동공간인 밭 역시도 경관이

된다. 신자유주의적 프랜차이즈 커피숍이 자연과 완전히 차단된 채로 도시적 공간을 판매하는 것과 달리, 제주의 카페들은 자연과 하나가 되는 환상을 소비자에게 판매하는 것으로 보인다. 제주 곳곳에 여행객을 대상으로 하는 카페들은 큰 창을 통해 풍경을 액자화하고 판매의 대상으로 삼는다. 그들은 바다가 보이는 카페에서 풍경을 감상하며 자유나 해방감 같은 느낌을 소비한다.(p.44) 김현영(2019). 제주지역 젠트리키페이션 현상 – 구좌읍 월정리 사례를 중심으로, 제주대학교 대학원 석사학위논문.

7) 해안사구를 모니터링 하라! 자료는 이종원, 오선민, 최광희, 2017, 조사형 야외학습 프로그램의 개발과 교육적 효과 - 해안사구를 사례로, 한국지리환경교육학회지, 25(2), 129-150을 사용하였다.

3

데이터 기반의
탐구적 글쓰기

01
개요

지리교육에서 탐구적 접근을 활용한다는 것은 질문을 던지고, 질문에 답하기 위해 무엇을 해야 하는지 계획하고, 질문에 맞춰 자료를 수집하고, 수집된 결과를 자신들의 예상과 비교하고, 그리고 자신들의 탐구 과정을 향상시킬 수 있는 방법을 다시 고민해 본다는 의미이다. 영국의 지리교육학자 마거릿 로버츠는 책(*Learning Through Enquiry*, 2016)에서 탐구 과정을 위해 포함되어야 하는 네 가지 핵심적인 요소를 정리한 바 있다. 우선 탐구는 질문에서 출발해야 한다. 학생들은 탐구과제를 규정짓는 핵심 질문이 무엇인지 알아야 한다. 탐구를 통해 해결해야 하는 질문을 반드시 학생들이 제안해야 하는 것은 아니다. 중요한 것은 설령 교사가 질문을 제안하더라도 질문에 학생들이 호기심을 갖고 학생들이 질문을 해결해야 할 충분한 이유와 필요를 느끼게 하느냐이다. 다음으로 탐구는 단순한 주장이나 논쟁이 아니라 근거(데이터)를 통한 논증이 되어야 한다. 학생들은 근거를 위해 직접 필요한 데이터를 수집하거나 기존의 데이터를 활용할 수 있다. 학생들은 수집한 데이터를 정리, 분류, 비교/대조, 분석/해석하는 과정을 거쳐 질문에 답을 하게 된다. 이 과정에서 자신들이 갖고 있던 기존 지식과 데이터를 통해 알게 된 새로운 지식을 연결할 수 있는 기회를 제공해야 한다. 마지막으로 탐구는 자신들의 조사과정에 대한 성찰이 필요하다. 학생들은 질문에 대해 얼마만큼 답변을 찾았으며, 근거는 충분했는지, 데이터를 수집, 분석, 해석하는 방법은 적절했는지, 나아가 추가적으로 조사할 수 있는 질문은 무엇인지 생각해 보아야 한다.

탐구적 접근을 지리교수·학습활동과 통합할 경우 다양한 교육적 이익을 기대할 수 있다. 학생들은 질문에 답하기 위해 어떤 데이터가 필요한지, 그러한 데이터를 얻기 위해서는 어떤 방법이 적절한지, 데이터를 수집했을 때 얼마나 자신 있게 질문에 답할 수 있을 것인지 등을 고민하는 과정에서 자연스럽게 문제해결능력을 기를 수 있다. 또한, 학생들이 직접 데이터를 수집하기 때문에 데이터가 어떤 과정을 거쳐 수집되었고,

어떤 기준으로 분류되었는지 등 데이터에 대한 깊이 있는 이해가 가능하다(Roberts, 2013). 그뿐만 아니라 실세계의 데이터 수집과정에서는 외부 변수를 완벽하게 통제하는 것이 불가능하기 때문에 데이터 수집과정에서 연구자의 해석이나 판단의 의미를 이해할 수 있게 된다(Lambert and Reiss, 2014). 수집한 데이터를 정리, 분류, 분석하는 과정에서 학생들은 다양한 방식으로 데이터를 표현하게 되는데 이 과정에서 데이터의 효과적인 의사소통 방식을 습득할 수 있으며, 자신들이 직접 수집한 데이터를 활용하기 때문에 학습에 몰입하기 쉽다. 이렇게 습득한 지식은 오래 지속되며, 유연하게 적용되는 특징이 있다(Healey and Matthews, 1996). 이러한 이유로 데이터 수집을 통한 소논문 작성은 영국의 지리과목 중등학교졸업자격시험(GCSE)이나 국제 바칼로레아(IB) 과정에서 필수로 요구된다.

학생들은 흔히 논문의 형식 하면 '서론-본론-결론'을 떠올린다. 물론 이것이 틀린 것은 아니지만 데이터 기반의 탐구적 글쓰기를 원한다면 서론-본론-결론의 틀을 수정할 필요가 있다. 데이터 기반의 탐구적 글쓰기는 질문을 던지고, 질문에 답하기 위해 직접 데이터를 수집한 다음 이를 토대로 논문을 작성하는 것을 의미한다. 이러한 학습의 과정을 일반적으로 탐구라고 하며, 탐구는 아래의 5요소로 구성된다.

❶ 질문-무엇을 조사할 것인가?
❷ 방법-질문에 답하기 위해 어떤 데이터가 필요하며, 어떻게 수집할 것인가?
❸ 결과-방법을 통해 수집한 데이터는 무엇이며, 무엇을 말해주는가?
❹ 결론-질문에 대한 답변은 무엇인가?
❺ 성찰-조사과정에서 개선할 부분이 있다면?

논문에 따라서는 '문헌연구'를 추가하기도 한다. 문헌연구는 내가 조사하려는 질문을 먼저 조사했던 연구들을 찾아 그들이 알아낸 것과 알아내지 못한 것을 정리하는 단계이다. 각 장(chapter)에 포함되어야 할 내용에 대해서는 뒷부분에서 자세히 설명하였다.

02
데이터

데이터 기반의 탐구적 글쓰기에서 데이터 확보는 필수적인 과정이다. 데이터는 크게 1차 데이터와 2차 데이터로 구분된다. 1차 데이터는 연구자가 연구도구(예, 설문조사 등)를 활용해 직접 수집한 데이터를 일컫는다. 반면 2차 데이터는 정부기관이나 국제기구 등에서 제작한 통계자료나 항공사진, 위성사진 등을 의미한다. 탐구적 글쓰기를 위해 반드시 1차 데이터가 필요한 것은 아니지만 데이터 수집을 계획하고 실천하는 과정을 통해서만 경험할 수 있는 장점이 있어 외국의 경우(예, IB) 1차 데이터를 수집하지 않는다면 글쓰기 과제에서 고득점을 받기 어렵다. 1차 데이터가 필수적이냐보다 더 중요한 것은 '내가 수집한 데이터가 과연 질문에 답하는 데 적절한가?'의 문제이다. 따라서 1차 데이터 수집에 집중하느라 2차 데이터 수집을 소홀히 한다면 정작 중요한 부분을 놓칠 수 있다.

1차 데이터	2차 데이터
• 야외에서 직접 수집한 데이터(예, 설문조사, 인터뷰, 야외 조사, 관찰 등)	• 항공사진, 위성사진 • 신뢰할 수 있는 기관(예, 정부기관, 국제기구)에서 찾은 다이어그램, 도표, 보고서, 통계자료 등 • 책, 신문, 잡지, 논문, 웹사이트

1차 데이터

1차 데이터는 연구자가 직접 수집한 데이터를 일컫는다. 설문조사, 인터뷰, 측정, 관찰 등의 야외 조사 방법을 통해 1차 데이터를 수집하는 것이 가능하다. 이 책의 '탐구 기반의 야외 조사'에서 1차 데이터를 수집할 수 있는 다양한 방법들을 제시하고 있다.

2차 데이터

적절한 정보원을 활용하는 것은 좋은 논문 작성의 기초가 된다. 논문, 각종 통계, 신문기사 등을 검색할 수 있는 데이터베이스는 〈그림 3.1〉과 같다.

공공 빅데이터 활용을 통해 인터넷에서 수집, 활용 가능한 다양한 2차 데이터와 선정 가능한 문제들을 제시해 놓았다(표 10.1, 표 10.2). 웹을 통해 수집한 2차 데이터를 우선적으로 확인하고, 현장조사를 통해 꼭 필요하다고 생각되는 데이터를 확인할 수 있도록 한다. 현장조사를 통한 데이터 수집 경험이 의미가 있지만 종종 인터넷에서 이미 활용 가능하거나 인터넷에서 획득 가능한 수준의 데이터보다 질 낮은 데이터를 수집하기 위해 현장조사를 진행하는 경우가 많다. 따라서 자신들이 원하는 데이터가 인터넷에 존재하는지, 2차 데이터와 1차 데이터가 서로 관련 있고 보완관계에 있는지 미리 확인하는 작업이 중요하다.

| 논문 검색 |

RISS(학술연구정보서비스) www.riss.kr/index.do
한국교육학술정보원(KERIS)에서 제공하는 학술연구정보서비스이다. 대학이 생산, 보유, 구독하는 학위논문, 학술논문, 세미나 자료 등을 서비스한다.

국회 전자 도서관 dl.nanet.go.kr/index.do
도서, 학위논문, 학술기사 등의 자료를 검색하고 원문을 무료로 열람할 수 있다.

네이버 학술정보 academic.naver.com
키워드 검색을 통해 관련 논문과 보고서, 학술지를 검색할 수 있다. 무료 원문을 확인하는 것이 가능하다.

한국학술지인용색인 www.kci.go.kr
한국연구재단에서 운영하는 사이트로 키워드를 통해 출판된 한국연구재단 학술지 논문을 검색할 수 있다.

| 통계 |

통계청 kostat.go.kr/portal/korea/index.action
국가통계포털(KOSIS), e-나라지표를 포함한 폭넓은 통계자료를 제공한다. 국가통계포털에서는 국내, 국제, 지역, 북한의 통계자료를 엑셀로 다운로드받아 사용할 수 있다.

통계지리정보서비스 sgis.kostat.go.kr

인구와 가구, 주거와 교통, 복지와 문화, 노동과 경제, 환경과 안전 등의 공간정보를 제공한다. 대부분의 정보를 지도로 확인, 분석할 수 있다는 장점이 있다.

Our World in Data ourworldindata.org/

세계의 인구변화, 식량과 농업, 에너지와 환경, 빈곤과 경제발전, 생활수준과 복지, 인권과 민주주의, 교육 등의 분야에 대한 세계의 최신 정보를 그래프와 지도로 제공한다.

WORLD MAPPER worldmapper.org

경제, 교육, 환경, 보건, 정체성, 자원 등의 정보를 카토그램(cartogram)으로 제공한다.

| 신문기사 |

빅카인즈(BIGKinds) www.bigkinds.or.kr

한국언론진흥재단이 운영하는 뉴스빅데이터 분석 서비스이다. 기존에 운영되던 기사 검색 서비스인 카인즈(KINDS)를 바탕으로 새롭게 구축되었다.

종합뉴스DB, TV 방송, 시사잡지, 일간지에 포함된 기사를 검색할 수 있다. 또한 기사 데이터베이스에 빅데이터 분석기술을 접목하여 깊이 있는 분석이 가능하다.

그림 3.1 2차 데이터 검색을 위한 데이터베이스

03
연구계획서 작성하기

　학생들은 본격적인 논문 작성에 앞서 연구계획서를 작성하고 발표해야 한다(그림 3.2). 연구계획은 연구자의 단순한 흥미와 상상력의 결과물이 아니라 철저한 계획과 사전조사의 결과여야 한다. 학생들이 작성한 연구계획서는 체크리스트(그림 3.3)를 통해 평가한다.

제목 :

개요 :
* 300~400자 정도의 분량으로 쉽고 명료한 문장으로 설명합니다.

연구질문 :
* 주제(제목)와 질문의 관계, 어떤 질문이 좋은 질문인지에 대해서는 아래에서 자세히 설명합니다.

데이터

2차 데이터
* 질문에 답하는 데 필요한 2차 데이터를 찾아서 목록을 제시합니다(표 10.1, 표 10.2 참조). 2개 이상
** 만일 통계자료를 활용한다면 통계의 이름, 연도, 출처 등을 정확하게 기입합니다. 즉, 앞으로 찾을 통계가 아니라 이미 확인한 (확보한) 통계를 적어야 합니다.

1차 데이터
* 2차 데이터를 통해 획득할 수 없는 종류의 데이터를 현장조사를 통해 수집할 수 있습니다.
** 만일 인터뷰나 설문조사를 진행한다면 주요 질문은 무엇인지, 대상은 몇 명인지, 어떻게 수집할 것인지(샘플링) 등을 설명해야 합니다.

참고문헌
* 네이버 학술정보를 활용해 보기 바랍니다. 최소 5편 이상의 참고문헌을 제시합니다.

그림 3.2 **연구계획서 양식**

- 제목을 통해 연구의 주요 내용과 목표, 중요성을 이해할 수 있는가?
- 연구 전체적인 개요를 이해하기 쉽고 명료하게 제시하였는가?
- 연구질문은 지리적이며, 제시된 시간 내에 데이터를 통해 답변할 수 있는 성격의 것인가?
- 연구질문에 답하는 데 필요한 데이터를 파악하였는가? 제시한 데이터는 적절하며, 데이터의 수집 계획이 구체적이고 현실적인가?
- 예상되는 결론은 제시된 데이터를 이용하여 타당하게 작성되었는가?
- 연구 주제 및 질문과 관련한 참고문헌을 5편 이상 선정하여 제출하였는가?
- 관련 문헌을 미리 읽는 등 연구에 대해 진지한 모습을 보여주었는가?

그림 3.3 연구계획서 체크리스트

학생들이 작성한 연구계획서는 발표하도록 한다. 발표는 학생들에게 연구에 대해 진지하게 생각해 볼 수 있는 기회를 제공할 뿐 아니라 연구계획서를 작성하며 본격적으로 데이터 기반의 탐구적 글쓰기를 시작하게 된다. 스스로 계획을 세우는 과정도 도움이 되지만 다른 학생들의 계획을 들어보게 되는 것도 자신들의 연구를 구체화하고 수정하는 데 큰 도움이 된다. 비슷한 주제나 질문을 조사하는 학생들은 서로 협력하여 데이터를 수집하도록 지도하는 것도 가능하다. 이때에도 데이터는 공유하되 소논문을 각자 작성하도록 한다. 학생들이 연구계획서를 발표할 때 던질 수 있는 질문은 다음과

- 왜 이 연구질문이 적절하다고 생각하는가?
- 계획한 데이터/정보/근거를 통해 연구질문에 충분히 답할 수 있을까?
- 원하는(계획하는) 데이터/정보/근거를 성공적으로 수집할 수 있을까?
- 지금까지 수집한 데이터/정보/근거가 있는가?
- 어떤 데이터가 연구질문에 답하는데 가장 핵심적이라고 생각하는가? 그 데이터를 어디서, 어떻게 확보할 수 있는가?
- 연구계획서를 작성을 마친 현재의 단계에서 가장 큰 문제점은 무엇인가? 그 문제를 어떻게 해결할 수 있을까?

그림 3.4 학생들의 연구계획 발표에서 물어볼 수 있는 질문 목록

새로운 사회 수업의 발견

같다(그림 3.4). 질문의 목록을 정해 둔 다음 발표를 마친 학생들이 무작위로 2개 정도의 질문을 선택하고 답변하게 할 수 있다.

어떤 주제를 선택할 것인가?

연구 주제를 선정할 때 학생들이 가장 관심 있어 하는 주제에서 출발하는 것이 좋다. 스스로 철저하게 몰입하고 헌신할 수 있는 주제를 찾는 것은 연구의 질을 높이는 데 있어 그 어떤 요소들보다 중요하다. 우선, 탐구하고 싶은 관심 분야나 주제를 4~5개 나열해 보고, 그중에서 연구 주제를 발전시킬 수 있는 주제를 선택하도록 한다. 다음으로 중요하게 고려해야 하는 것은 '데이터로 답할 수 있는 주제(질문)인가?'를 판단하는 것이다. 논문을 처음 쓰는 학생들은 누구나 크고 멋진 주제에 도전하고 싶어 한다. 하지만 앞에서도 설명했듯이 데이터 기반의 탐구적 글쓰기는 무엇이 이러이러하다고 기술하는 것이 아니라 질문을 던지고 데이터를 통해 답하는 형식의 분석적 글쓰기를 말한다. 학생들과의 면담에서 '연구질문이 무엇인가?', '어떤 데이터로 그 질문에 답을 할 수 있을까?', '방금 얘기한 그 데이터를 실제로 구할 수 있을까'라고 물어보면 많은 학생이 금방 멘붕에 빠지는 것을 볼 수 있다. 즉, 멋진 질문만 생각했을 뿐 그 질문에 어떤 데이터로 답할 것인지, 정말 그러한 데이터가 존재하는지, 존재한다면 내가 그러한 데이터를 구할 수 있는지를 진지하게 생각해보지 않았던 것이다. 따라서 데이터 기반의 탐구적 글쓰기를 가르친다면 학생들에게 아래 질문들을 되도록 빨리 물어보는 것이 좋다.

- 여러분이 연구하고자 하는 주제가 무엇입니까?
- 주제를 질문(의문문)의 형태로 만들 수 있습니까?
- 그 질문에 답하려면 어떤 데이터가 필요합니까?
- 질문에 답하는 데 필요한 충분한 데이터를 수집할 수 있습니까?

데이터 기반의 탐구적 글쓰기를 위해서는 주제(topic)만으로는 부족하며 질문이 필요하다는 것을 알았을 것이다. 학생들이 연구질문을 선정할 때 범하게 되는 가장 흔한 실수는 너무 복잡하거나 광범위한 주제(예, 세계의 인구는 왜 증가하는가?)를 선정하는 문제이다. 학생들에게 주어진 기간 내에 10,000자 내외의 분량으로 답할 수 있는 질문이어야 한다는 점을 자주 상기시켜 줄 필요가 있다. 폭넓은 주제를 선정할 경우 주제를 구성하는 각각의 요소들에 대한 피상적인 수준의 기술로 논문이 끝나버릴 가능성이 높다. 가령, x현상의 정치적·경제적·사회적 영향을 종합적으로 파악하는 것보다는 하나의 요소에 초점을 두는 것이 깊이 있는 분석에 유리하다. 반대로 너무 간단해서 쉽게 달성할 수 있는 질문[예, '일본의 통화(currency)는 무엇인가?']도 탐구적인 글쓰기에 적합하지 않다. 아래 예시를 통해 질문의 범위를 좁히는 방법에 대해 알아보자(그림 3.5)

질문	구체화된 질문
젠트리피케이션은 지역을 어떻게 변화시키고 있는가?	서울 익선동 한옥거리의 토지이용(한옥)은 5년 전과 비교해 얼마나 달라졌는가?
요양병원은 어디에 입지하는가?	일반병원과 요양병원의 입지 분포는 어떤 차이가 있는가? 경기도 고양시를 사례로
미세먼지는 호흡기 질환을 유발하는가?	화력발전소 주변은 다른 지역에 비해 호흡기 질환자의 비율이 높은가?

그림 3.5 ▶ 질문 구체화하기

일반적인 성격의 질문에 특정 지역(예, 서울 익선동 한옥거리), 수집할 데이터(예, 토지이용 변화), 데이터 수집기간(예, 지난 5년)을 추가하는 방식으로 질문을 구체화하는 것이 가능하다. 비슷한 성격의 대상(요양병원 vs. 일반병원)이나 현상을 비교할 경우 질문이 더욱 명확해지는 장점이 있다. 즉, 요양병원의 입지만 조사한다면 그것이 요양병원만의 입지 특성인지 아니면 일반적인 병원들의 입지 특성인지 판단이 어렵다. 원인(미세먼지)과 결과(호흡기 환자 발생)의 방식으로 질문을 구조화할 수도 있다. 이 경우에도 일반적인 미세먼지의 지역별 차이가 아닌 주제(예, 화력발전소 주변)를 추가한다면 질문은 훨씬 구체적인 모습을 갖추게 된다. 더불어 연구의 결과를 근거로 주장하는 내용 또한 구체적일 수 있다.

04
서론 작성하기

    사람에게 첫인상이 중요하듯이 논문도 마찬가지이다. 대부분의 독자는 요약(Abstract)이나 서론만으로 내가 읽어야 할 논문인지 그렇지 않은지 판단한다. 따라서 연구자는 서론을 작성할 때 정말 최선을 다해야 한다. 만일 서론이 무슨 말인지 명료하지 않거나 중요하지 않게 보인다면 아무도 여러분의 글을 읽어주지 않을 것이다. 독자로서 서론을 통해 스스로 어떤 정보를 얻기를 기대하는지 생각해 본다면 좋은 서론을 작성할 수 있다. 독자들은 서론을 읽고 아래 내용을 알 수 있어야 한다.

- 이 논문이 다루고 있는 핵심 주제(혹은 질문)는 이것이구나!
- 이 논문이 다루는 주제(질문)는 정말 중요하구나!
- 이 논문은 이 주제(질문)를 다루기 위해 연구자는 이 방법을 사용했구나!
- 이 논문의 연구방법과 연구결과 부분에서는 이런 내용들이 나오겠구나!

연구의 필요성
여러분이 던진 질문(주제)이 왜 중요한지에 대한 약간의 배경을 제시한다. "~ 때문에 ~ 밝히는 것이 중요하다." "~ 때문에 ~을 조사하는 것이 필요하다."와 같은 문장 표현을 사용할 수 있다.

핵심 개념의 재정의
여러분의 논문 제목이나 주제, 혹은 질문에 핵심 개념이 포함되어 있을 것이다. 핵심 개념이 무엇인지 정의하고, 여러분의 논문에서 어떻게 활용될 것인지, 왜 중요한지 설명한다.
만일 '문헌연구' 장을 따로 마련한다면 서론에서는 간략하게 정리하고, 문헌연구 장에서 본격적으로 설명한다. 문헌연구 장에 대해서는 뒤에서 자세히 설명한다.

연구의 목적

논문을 통해 달성하고자 하는 목적을 가리킨다. "본 연구의 목적은 ~이다", "본 연구를 통해 답하고자 하는 구체적인 질문은 ~이다"와 같은 직접적인 표현을 사용하는 것이 좋다. 논문은 '무엇은 무엇이다'라고 설명하는 글이 아니다. 논문은 질문을 던지고 데이터를 통해 질문에 답하는 글이다. 따라서 여러분들의 연구 목적은 '~을 설명하고자 한다'보다는 '~을 조사하고자 한다' 혹은 '~ 질문에 답하고자 한다'가 적절하다.

연구의 방법

연구질문에 답하기 위해 데이터가 필요하다. 질문에 답하기 위해 어떤 데이터를 사용하기로 했는지, 그 데이터를 어떻게 수집하고, 분석했는지를 '간략하게' 설명하는 부분이다. 연구방법 부분에서 상세하게 설명하기 때문에 간략하게 기술하면 된다. "연구질문에 답하기 위해 ~을 통해 ~와 같은 데이터를 수집하였다"와 같은 표현을 사용할 수 있다. 이미 수행한 연구에 대해 논문을 작성하는 것이므로 과거형(예, 수집하였다)으로 기술한다.

연구(글)의 구조

서론의 마지막 부분에서는 앞으로의 논문이 어떻게 진행되는지 어떻게 구성되었는지를 설명할 수 있다. 가령, "본 연구의 목적을 달성하기 위해 2장에서는 … 3장에서는 … 4장에서는 … "와 같은 표현을 사용할 수 있다. 하지만 이 부분에서 결론을 제시할 필요는 없다.

그림 3.6 서론 작성 요령

● 이 연구가 왜 필요한지가 설득력 있게 드러났는가?
● 연구의 뼈대가 되는 핵심 개념을 연구의 맥락에 맞춰 재정의하고 설명하였는가?
● 연구의 목적, 혹은 연구질문을 명료하게 설명하였는가?
● 본 연구의 데이터 수집 방법을 간략하고 명료하게 제시하였는가?
● 전체 논문이 어떻게 구성되었는지를 하나의 문단으로 명료하게 기술하였는가?

그림 3.7 서론 작성 체크리스트

새로운 사회 수업의 발견

05
문헌연구 작성하기

문헌연구를 시작하기 전 문헌연구를 왜 작성해야 하는지부터 생각해 볼 필요가 있다. 데이터 기반의 탐구적 글쓰기의 핵심은 데이터를 활용해 질문에 답하는 것이지만 여기서 질문은 개인적 호기심 수준 이상의 것이어야 한다. 즉, 자신이 진행하고자 하는 연구와 기존 연구들 간의 관계를 밝혀주는 것이 필요하다. 나는 ××부분에 관심이 있어서 ××측면을 조사하려고 하는데 과연 다른 연구자들은 ××라는 주제에 대해 어떤 조사를 했고, 어떤 결과를 밝혔는지를 확인하는 것이다. 이런 측면에서 본다면 문헌연구는 벽돌로 담을 쌓는 작업과 유사하다. 기존의 벽돌들이 어떻게 쌓여있는지 정확하게 이해하지 못한다면 내 벽돌(연구)의 정확한 위치를 알지 못하게 되고, 튼튼한 담장(학문)을 만드는 데도 기여할 수 없게 된다. 즉, 정확한 문헌연구를 통해서 어디에 벽돌을 올려야 하는지 비로소 이해할 수 있게 된다. 문헌연구를 진행했을 때 기대할 수 있는 이익은 또 있다. 내가 진행한 연구의 결과를 기존의 연구들과 비교할 수 있고, 다른 연구를 분석함으로써 내가 관심 있어 하는 주제에 대해 어떻게 연구를 설계하고, 데이터를 수집할 수 있는지 힌트를 얻는 것도 가능하다.

핵심 개념/이론을 재정의하자

핵심 개념이나 이론은 아마도 여러분의 논문 제목에 포함되어 있을 가능성이 높다. 어쩌면 서론에서 이미 간략하게 정의했을 것이다. 문헌연구에서는 핵심 개념을 정의하고(define), 여러분의 연구 맥락에 맞게 기술해야 한다. 예를 들어, '젠트리피케이션(gentrification)'이 핵심 개념이라면 개론서를 활용해 본래의 의미를 기술하고, 우리나라에서는 어떤 의미로 사용되는지 기술할 수 있다(어떻게 다르게 활용되는지 기술할 수 있다). 혹은 '자갈'의 '원마도(roundness)'가 핵심 개념이라면 자갈의 크기에 따른 용어와 분류를 설명하고, 원마도의 의미와 여러 가지 측정방법을 설명할 수 있을 것이다. 만일 중요한 용어가 학술적인 개념이 아니라면(예, 인식) 국어사전에서 뜻을 확인해 제시하는 것도 가능하다.

'정말 비슷한' 선행연구를 찾아 논쟁점을 정리한다

우선 자신이 수행하고자 하는 연구와 정말 비슷한 연구를 찾아야 한다. '비슷하다'의 의미는 '대략' 주제가 비슷하다는 의미가 아니라 '내가 하려는 연구를 누군가 미리 수행해 놓은 것이 아닌가?'라고 생각할 정도로 비슷하다는 뜻이다. 내가 던진 질문과 유사한 질문을 던진 선행연구 세 편을 꼭 찾을 수 있도록 한다. 만일 세 편의 유사한 선행연구(논문)를 찾았다면 이제 무엇을 해야 할까? 여러분이 찾아야 하는 것은 여러분이 연구하는 분야의 논쟁점 혹은 knowledge gap이다.

논쟁점을 확인할 수 있는 부분은 연구질문이다. 이미 비슷한 연구를 찾았기 때문에 이 연구들이 주목하는 주제 혹은 연구질문들은 이미 유사할 것이다. 이들이 현재 주목하고 있는 질문이 논쟁점이 되기도 하고, 이 연구들 간에 일치하지 않는 주장들이 논쟁점이 되기도 한다. 따라서 확보한 세 논문을 분석할 때 따로따로 분석하기보다는 세 논문을 함께 펼쳐놓고 연구질문, 연구방법, 연구결과 부분을 함께 비교하는 것이 효과적이다. 더불어, 이들이 주로 참조하는 주요한 문헌이나 선행연구 결과를 비교, 확인하는 것도 연구자들이 흔히 이용하는 전략 중 하나이다.

선행연구 분석에서 종종 아래와 같은 표현을 사용할 수 있다.

[주된 연구 분야 혹은 주제를 제시하고 싶을 때] ××분야에서는 주로 ~에 대한 연구가 많이 진행되어 왔다. 예를 들어, …

[선행연구들의 일반적인 결과를 제시하고 싶을 때] 선행연구에 따르면 □□의 영향은 대체로 …

[논쟁점을 제시하고 싶다면] ◇◇에 대한 연구가 항상 유사한 결과를 제시하는 것은 아니었다. 가령, …

[대체적인 연구방법을 제시하고 싶다면] △△을 밝히기 위해 연구자들은 ~을 활용하거나 ~ 방식을 활용하기도 했다. 예를 들어, …

[연구방법에 따른 연구결과의 차이가 의심된다면] 선행연구들 간의 서로 다른 연구 결과는 연구 방법의 차이에 기인했을 수 있다. 왜냐하면 …

그림 3.8 문헌연구 작성 요령

- 연구질문과 관련하여 적절한 선행연구(2~3편)를 찾았는가?
- 논문의 핵심 개념이 논문의 구체적인 맥락에 맞게 잘 정의되었는가?
- 관련 분야의 연구 성과 및 논쟁점이 명료하게 정리되었는가?
- 인용방식 및 참고문헌 정리 방식을 따랐는가?
- 문장은 비문이 없고, 간결하며, 완결성이 높은가? 문장과 문장의 연결이 자연스럽고 논리적인가?

그림 3.9 문헌연구 작성 체크리스트

인용과 표절

타인의 연구 성과를 자신의 연구에 활용하는 것을 인용이라 한다. 그렇다면 인용은 왜 하는 것일까? 인용을 하는 근본적인 이유는 자신의 연구를 학술적으로 더 가치 있게 만들기 위함이다. 기존의 연구를 인용함으로써 자신의 주장을 더 객관적이고 신뢰할 수 있는 만들 수 있으며, 더불어 자신의 연구에 배경과 맥락을 제공해 줄 수 있다.

그렇다면 어떤 선행연구나 문헌들을 인용하는 것이 유리할까? 또 얼마나 많은 문헌들을 인용해야 할까? 같은 조건이라면 유명한 저널에 발표된 논문이나 관련 분야에서 활발하게 연구를 진행하고 있는 연구자의 논문을 인용하는 것이 유리하다. 일반적으로 저명한 저널일수록 논문이 실리는 과정에서 더 엄격한 심사를 거치기 때문이다. 하나의 저널을 인용하는 것보다 복수의 저널을 인용하는 것이 낫다. 인용한 논문의 숫자만큼 내 주장을 뒷받침할 수 있는 근거가 늘어나기 때문이다.

어떤 내용을 인용해야 할까? 누구나 알고 있는 내용(예, 지구는 둥글다)을 굳이 인용할 필요는 없다. 그리고 논문에 포함된 모든 내용을 인용할 수 있는 것은 아니다. 연구자의 주된 주장(main arguments)이나 결과(findings)를 인용하는 것이 적합하다. 다행스럽게도 연구자의 핵심 아이디어는 '요약(abstract)'에 포함되어 있으니 요약을 주의 깊게 살펴보자. 흔히 다른 연구자의 결과물이나 의견, 아이디어를 가리키지만 자신이 생산하지 않은 자료(데이터)나 사진, 이미지를 사용하게 될 경우에도 인용 표시를 해야 한다.

인용 표시를 하지 않고 타인의 연구 성과를 쓴다면 어떻게 될까? 타인의 연구물을 적절한 방식의 인용 표시 없이 활용할 경우 이를 표절이라 하며, 표절은 타인의 지적 재산권을 침해하는 범죄와 같은 행위이다. 표절은 논문 자체의 진실성에 대한 문제이기 때문에 대체로 감점이 아니라 실격(혹은 불합격)으로 귀결된다. 따라서 타인의 아이디어나 자료를 활용할 경우 적절한 방식으로 인용 표시하는 것을 중요하게 다루어야 한다.

인용 방법

인용 방법에는 크게 간접인용과 직접인용의 두 가지가 있다. 일반적인 인용 방법은 대부분 간접인용이며, 이는 문헌의 내용 중 인용할 부분을 연구자가 자신의 언어로 다시 표현하고 출처를 밝히는 경우를 말한다. 간접 인용할 경우 괄호에 저자의 이름(영문의 경우 성만)과 출판연도를 명시한다. 가령, '이영민, 2019, 지리학자의 인문여행, 아날로그'라는 책에 담긴 아래 내용("여행의 즐거움을 제대로 느끼기 위해서는 장소를 알아야 하고 장소에 대한 상상력을 발휘해야 한다")을 인용한다고 가정해 보자. 타인의 글을 있는 그대로 인용하는 것보다는 자신의 연구(논문)의 맥락에 맞춰 다시 쓰는 것이 좋다. 가령, 아래와 같은 방식으로 변경할 수 있다.

- 이영민(2019)에 따르면 자신이 방문하는 지역을 제대로 이해하고 즐기기 위해서는 장소에 대한 이해와 더불어 장소에 대한 상상력이 중요하다.
- 여행도 능동적인 활동이다. 만족스러운 여행을 위해서는 자신이 여행할 지역에 대한 학습과 더불어 지역에 대한 적극적인 상상력이 필요하다(이영민, 2019).
- 이러한 측면에서 보면 예술작품의 감상과 여행은 공통점이 있다. 바로 자신들이 아는 만큼 대상을 이해할 수 있다는 것이며, 감상하는 이들이 적극적으로 상상할 수 있어야 한다는 것이다(이영민, 2019).

인용하고자 하는 문구가 자신이 수행하고자 하는 연구의 근간이 될 만큼 중요한 문장이라면 자신의 문장으로 다시 쓰지 않고 원래의 문장으로 인용하는 것이 가능하며, 이를 직접인용이라 한다. 직접인용을 사용하는 경우는 흔하지 않다. 대체로 한 편의 논문에서 1~2회 정도 볼 수 있는 수준이다. 내용을 저자가 재구성하지 않고 그대로 가져다 쓴다는 것을 강조하기 위해 괄호 안에 저자와 출판연도뿐 아니라 쪽수를 제시한다. 가령, 아래와 같은 방식이다.

- 여행에서 장소에 대한 상상력은 여러 연구자들에 의해 강조되어 왔다. 특히, 이영민(2019, p.20)은 "여행의 즐거움을 제대로 느끼기 위해서는 장소를 알아야 하고 장소에 대한 상상력을 발휘해야 한다"고 주장하였다.

비교적 짧은 내용(40 단어 미만 혹은 보통 3줄 정도)을 직접 인용할 경우 본문에 포함시켜 큰따옴표로 인용된 부분의 양 끝을 묶어 준다. 40단어 이상의 내용을 직접 인용하는 경우 블록 인용(block quotations) 방식을 사용한다. 블록 인용은 새 줄로 시작하고, 왼쪽에서 1/2인치(5칸) 들여 쓰며 따옴표는 사용하지 않는다. 인용표시를 했다고 해서 많은 분량을 갖다 쓸 수 있는 것은 아니다. 가끔 10줄이 넘어가는 직접인용 글을 볼 때가 있지만 이는 적절한 인용이 아니다.

〈그림 3.10〉은 여러 가지 인용 방법의 예시를 보여준다. 영문으로 된 문헌을 인용할 경우 전체 이름 대신 성(last name)과 출판연도만 밝힌다(①). Lambert & Morgan의 경우 Lambert와 Morgan이라는 성을 가진 두 연구자가 공동으로 작업한 연구를 인용한 것임을 가리킨다. 사례②는 직접인용의 사례를 보여준다. 인용의 길이가 대체로 짧을 경우(3줄 이하) 문장 속에 포함시킨 채로 인용한다. 외국문헌과 한글문헌이 유사한 주장을 하고 있을 경우 동시에 인용하는 것이 가능하다. 이 경우 괄호 안에 한글(가나다순), 영문(ABC순)으로 정리한다(③). 사례④는 직접인용 중에서도 블록 인용의 사례를 보여준다. 인용하려는 문장의 길이가 상대적으로 긴 경우 블록 인용 방식을 사용한다.

사실 역량중심 교육과정에 대한 논의가 양적으로 증가하고 있는 반면 그 의미와 구현 방식에 관해서는 여전히 의문이 많다. 핵심역량의 내용이 미래사회를 살아갈 책임 있는 시민으로서의 역량보다는 기업체가 원하는 노동인력이 갖추어야 할 역량을 강조하고 있어 의도가 불순하다거나(Lambert & Morgan, 2010)①, 새로운 주장이라기보다는 "격변의 시대에 항상 뒤따라 나오며 반복을 거듭하는 현 시대에 의해 선택된 수사적 담론"(손민호, 2011, p.102)②에 불과하다는 주장도 있다. 나아가 콘텐츠 없이 일반적인 역량을 습득할 수도 없으며, 역량은 구체적인 맥락 속에서 가장 잘 습득된다는 반론도 있다(곽영순 외, 2013; Roberts, 2013)③.

역량 중심적 접근이란 학교교육에 대해 역량을 중심으로 사고하자는 것이며, 종래의 학교교육이 교과를 중심으로 접근했다면 학생들이 성공적인 삶을 영위하는데 필요한 역량이 무엇이며 이를 위해 학교가 어떻게 기여할 수 있을지를 우선적으로 생각해보자는 것이다. 이러한 측면에서 과학교육 분야의 곽영순 외(2013, p.103)④의 접근방법은 지리교육에도 시사하는 바가 크다.

핵심역량 중심의 과학과 교육과정에서 보다 중요한 특성은 과정중심적 성격이므로, 이를 고려하여 수업 방법을 통해 핵심역량을 구현할 수 있어야 한다. 가르치고 배우는 교수학습의 과정 자체를 충실히 경험하는 것이 역량기반 교육과정의 핵심적인 아이디어이다. 따라서 학습자의 문제해결력, 의사소통능력, 비판적 사고력 등과 같은 핵심역량을 과학 또는 범교과 학습주제를 교수·학습하는 과정과 평가하는 과정에서 배울 수 있도록 해야 할 것이다.

그림 3.10 다양한 인용 방법 예시

참고문헌 정리

본문에서 인용한 문헌은 반드시 참고문헌(reference) 목록에 제시해야 한다. 바꾸어 말하면, 참고문헌 목록에 들어 있는 자료는 반드시 본문에 인용된 것이어야 한다. 논문을 작성하기 위해 '참고'는 하였지만 실제로 본문에 '인용'을 하지 않았다면 그 문헌은 참고문헌 목록에 포함시키지는 않는다. 일반적으로 참고문헌 목록에 포함되어야 할 정보는 다음과 같다.

- 저자
- 문헌의 제목(예, 책의 제목)
- 출판연도
- 출판사
- 페이지
- URL(온라인 문헌이라면)

    이들을 정리하는 방법에는 여러 가지가 있으며, 무엇보다 중요한 것은 논문의 전체에 동일한 방식을 유지하는 것이다. 자연과학이나 인문/사회과학에서 자주 사용되는 방식으로 APA 스타일(미국 심리학회지 가이드라인), 시카고 스타일 등이 있다. 아래는 APA 스타일에 따른 참고문헌 정리 방식의 예시이다. 참고문헌 인용 방식에서는 띄어쓰기, 이탤릭, 마침표, 대/소문자 등은 모두 정해진 규칙을 따르기 때문에 주의해서 확인하고 따라 쓸 수 있도록 한다.

| 단행본 |

저자명 (발행연도). 책 제목. 출판사.

이영민 (2019). 지리학자의 인문여행. 아날로그.

정수열 (2016). 도시체계론. 최병두(편). 인문지리학 개론(개정판)(pp.212-233). 한울.

Lambert, D. & Morgan, J., (2010). *Teaching geography 11-18: A conceptual approach.* Open University Press/McGraw Hill.

Robert, M. (2016). 탐구를 통한 지리학습 (이종원 역). 푸른길 (원서 출판 2013).

| 학술지 논문 |

저자명 (발행년). 논문 명. 학술지명, 권(호), 페이지.

손민호 (2011). 역량중심교육과정의 가능성과 한계 – 역량 개념을 중심으로. 한국교육논단, 10(1), 101-121.

Lee, J. & Butt, G. (2014). The reform of national geography standards in South

Korea - Trends, challenges and responses. *International Research in Geographical and Environmental Education,* 23(1), 13-24.

| 학위논문 |

연구자 (학위수여 연도). 논문제목. 학위명. 수여기관명.

나영준 (2018). 특화거리 만족도에 영향을 미치는 요인 – 정자동 카페거리와 방배동 카페골목을 중심으로. 석사학위논문. 연세대학교 대학원.

| 연구보고서 |

곽영순, 구자옥, 김미영, 손정우, 노동규 (2013). 미래 사회 대비 국가 수준 교육과정 방향탐색 – 과학 (연구보고 CRC 2013-23), 한국교육과정평가원.

| 학술대회 발표집/ 세미나 자료집 |

이종원 (2015, 6). 나는 지리 수업에서 역량을 가르치고 있는가? 한국지리환경교육학회하계학술대회 발표 요약집, 서울.

| 지면이 있는 신문기사 |

윤석만, 김나한 (2016, 2, 4). 연중기획 매력시민 – 세상을 바꾸는 컬쳐 디자이너, 중앙일보, 18면 1단.

| 인터넷 자료 |

저자명 (발행연도). 문서 제목. 웹 주소.

최원형 (2019, 12, 3). 만 15살 학업성취도, 모든 영역서 'OECD 상위'. 한겨레. www.hani.co.kr/arti/society/schooling/919486.html에서 검색

이익진 (2018). 한눈에 보는 지역과 도시 2018. 주OECD대표부. overseas.mofa.go.kr/oecd-ko/brd/m_20807/view.do?seq=17&srchFr=&srchTo=&srchWord=&srchTp=&multi_itm_seq=0&itm_seq_1=0&itm_seq_2=0&company_cd=&company_nm=&page=13에서 검색

그림 3.11 참고문헌 정리(APA 스타일) 예시

새로운 사회 수업의 발견

06
연구방법 작성하기

연구방법은 어떤 방법으로 데이터를 수집했는지 기술하는 장이다. 다른 장에 비해 비교적 짧으면서도 어떤 내용을 정리해야 할지 비교적 명확한 장이기도 하다. 연구방법을 기술하는 데 특별한 창의성이나 고민이 필요하지 않다. 기존 논문들을 참고하여 그대로 따라 해 보는 것도 방법이 된다.

연구방법은 몇 개의 절로 나눠 기술하는 것이 편리하다. 예를 들어, 데이터 수집을 위해 설문조사 방법을 사용했다면 누구를 대상으로 설문을 진행했는지(연구대상), 설문지의 구성은 어떠한지(연구도구), 설문은 언제, 어떤 방식으로 받았는지(연구절차), 받은 설문지는 어떻게 처리하고 분석했는지(분석방법)를 나눠서 기술하는 것이다.

연구대상
연구대상이 사람일 경우이다. 가령, 설문조사나 인터뷰 방법을 활용했다면 규모(인원), 연령대, 성별 등 일반적인 특징을 기술하고, 왜 이들을 선택하였는지 설명한다.

연구지역
특정 지역이 연구의 초점이 된다면(예, 서울 익선동 방문객의 특성) 해당지역을 기술하고, 왜 그 지역을 선정했는지를 설명한다. 연구지역을 보여주는 간략한 지도를 추가하는 것도 좋은 방법이다.

데이터 수집도구 및 절차
어떤 데이터 수집방법(예, 설문조사, 인터뷰 등)을 사용하였고, 언제(기간), 어떤 절차로 데이터를 수집했는지를 기술한다. 설문조사 방법을 사용했다면 전체 문항이 몇 개의 문항으로 구성되었는지, 핵심적인 질문은 무엇인지 등이 드러나도록 기술한다. 또한, 조사대상을 선정하는 방법(표본추출)을 설명한다.

데이터 분석방법

수집한 데이터를 어떻게 분석했는지를 기술하는 부분이다. 데이터는 원석과 같다. 데이터를 어떻게 표현하고(예, 도표, 표, 지도 등), 분석하고(예, 통계 분석 등), 특정 관점(예, 이론, 분석틀 등)을 제시하느냐에 따라 해석이 달라진다. 당연하게 생각했던 과정들을 하나하나 살펴보고, 왜 그러한 선택을 했는지 기술해 보자. 양적 데이터의 경우 일반적으로 통계적 분석방법을 사용하게 된다(부록. 통계 분석 참조).

그림 3.12 연구방법 작성 요령

- 수집할 데이터의 유형, 수량, 특징을 명료하게 기술하였는가?
- 계획한 데이터를 통해 연구질문에 답할 수 있는가?
- 데이터의 수집방법과 절차에 대해 구체적으로 설명하였는가? 주어진 기간 내에 충분한 데이터를 수집할 수 있으며 수집방법은 현실적인가?
- 수집한 데이터의 분석방법 및 표현방법에 대해 설명하였는가?
- 자신이 수집할 데이터에 대해 미리 고민하고 수집을 시도했는가?

그림 3.13 연구방법 작성 체크리스트

데이터 수집방법

설문조사와 인터뷰는 학생들이 1차 데이터 수집을 위해 비교적 쉽게 활용할 수 있는 방법들이다. 이들 방법은 사람들의 특징(예, 연령, 성별, 주거지), 행동특성(예, 재활용 쓰레기를 어떻게 처리하는지), 가치/태도(예, 전통마을에 프랜차이즈 카페가 들어서는 것에 동의하는가?)를 파악하는 데 유용하다. 설문조사는 정해진 질문들을 활용해 정보를 수집하며, 인터뷰에 비해 비교적 많은 사람을 대상으로 정보를 수집할 수 있다. 〈그림 3.14〉는 설문조사에서 활용가능한 질문의 유형을 보여준다. 인터뷰도 미리 질문을 정해놓고 진행하지만 상대방의 답변에 따라 추가적인 질문을 던지는 것이 가능하기 때문에 설문조사에 비해 깊이 있는 정보를 얻을 수 있다. 포커스 그룹 인터뷰(focus group interview)는 한 번에 여러 명과의 인터뷰를 진행하는 방식이다. 만일 학생들이 인터뷰를 통해 데이터를 수집하기로 했다면 질문지를 갖고 미리 연습하는 것이 필요하다. 학생들은 자신들을 어떻게 소개하고, 질문은 어떤 순서로 던질 것인지, 녹음이나 기록은 어떻게 할 것인지 미리 결정해 두어야 한다. 수업시간을 활용할 수 있다면 학생들끼리 역할을 나눠 연습해보는 것도 좋은 방법이 된다(그림 3.15).

1 폐쇄형 질문

폐쇄형 질문은 한 단어로 답하거나 선택지를 제시하는 경우를 말한다. 가능한 답변은 '예' 혹은 '아니요'이다. 예) ×지역에서 8시에 혼자 다니기에 안전하다고 느끼십니까?

2 리커트 척도

리커트 척도(Likert scale)는 제시된 문장에 대해 얼마나 동의하는지를 묻는 방식이다.
예) 나는 ×지역을 혼자 산책하는 것이 즐겁다.

- 매우 그렇다 ( )
- 그렇다 ( )
- 모르겠다 ( )
- 그렇지 않다 ( )
- 전혀 그렇지 않다 ( )

3 의미변별척도

리커트 척도가 문장의 내용에 대한 동의 정도를 평가한다면 '의미변별척도(semantic differential scale)'는 긍정적·부정적 판단 사이에서 선택하도록 하는 방식이다.
예) ×지역에 대해서 어떻게 생각하십니까?

- 지루하다 -2 -1 0 +1 +2 흥미롭다
- 위험하다 -2 -1 0 +1 +2 안전하다

4 서열 척도

서열 척도(rating)는 선택지를 제시하고 가장 중요한 것부터 가장 덜 중요한 것까지 순위를 매기는 방식이다.
예) ×지역으로 이사 온 가장 중요한 이유는 무엇입니까? 제시된 문장에서 1부터(가장 중요한 것) 6까지(가장 덜 중요한 것) 순위를 매겨주세요.

- 직장과 가까워서 ( )
- 가족 및 친구와 가까워서 ( )
- 학교와 가까워서 ( )

- 집값 때문에 (   )
- 주변 환경이 좋아서 (   )
- 아이들을 기르기 좋은 환경이라서 (   )

5 **개방형 질문**

개방형 질문의 답변은 길고 상세한 편이다. 긍정적이거나 부정적인 답변 모두 가능하며 일반적으로 마지막에 묻는 것이 좋다.

예) 앞으로 10년 후에 ×지역이 어떻게 변할 것 같으신가요? 왜 그렇게 생각하십니까?

그림 3.14 **설문조사에서 활용가능한 질문의 유형**

A **인터뷰 준비**

- 몇 명을 인터뷰할까? 미리 목표로 하는 숫자를 정합니다.
- 대표성을 띠는가? 되도록이면 인터뷰 대상이 모집단을 대표할 수 있도록 고려합니다.
- 기억력을 믿지 마라! 어떻게 기록할 것인지 결정합니다. 녹음을 하더라도 메모를 함께 합니다.

B **질문의 순서**

- 간단한 사실부터 시작합니다. 의견은 나중에 묻습니다. 특히 논쟁적일 수 있는 이슈에 대한 질문은 마지막에 물어봅니다.
- 추가하고 싶은 내용이 있으신가요? 인터뷰(설문조사)를 끝내기 전에 추가하고 싶거나 하고 싶은 말씀이 있는지 물어봅니다.

C **인터뷰의 실천**

- 공손하게 인사합니다!
- 자신을 소개하고 설문의 목적을 밝힙니다. 설문내용이 어떻게 활용될 것인지 시간이 얼마나 소요될 것인지도 설명합니다.
- 설문을 거부하면 무리하게 요청하지 않습니다.
- 녹음/녹화할 수 있는지 묻고 허락을 구합니다. 녹음/녹화를 허락하지 않으면 메모만 합니다.
- 자연스럽게 질문합니다. 준비한 질문을 기계적으로 던지기보다는 대화하듯이 종합적으로 묻고 상대방의 말에 반응하면서 필요한 내용을 이끌어냅니다.

새로운 사회 수업의 발견

- 호응합니다. 답변하는 내용에 관심을 보이고 적절하게 호응합니다.
- 불편해할 수 있는 질문은 피합니다. 사람에 따라서는 연령, 직업을 묻는 질문이 불편할 수 있습니다.
- 모호한 질문은 피합니다. 상대방이 질문의 의도를 파악하지 못했다면 풀어서 설명합니다.
- 특정한 반응을 유도하고 있다는 느낌을 주지 않습니다. 가령, 이 지역의 발전을 위해 지자체에서는 어떤 지원이나 역할이 필요할까요?와 같은 의견을 물어볼 때.

D 인터뷰 연습
- 역할을 정해 연습해 봅시다.

그림 3.15 인터뷰 조사를 위한 연습

설문조사나 인터뷰 방법을 활용한다면 학생들은 자신들이 사용할 질문의 종류나 표본 추출(대상자를 선정하는) 방법을 알아야 한다. 즉, 교사가 표본 추출 방법을 알려주더라도 학생들은 자신들이 수행하는 방법이 어떤 방법인지, 다른 방법에 비해 어떤 장점과 단점이 있는지 이해할 필요가 있다. 표본 추출은 크게 확률적 표본 추출과 비확률적 표본 추출로 구분된다(그림 3.16).

설문조사와 인터뷰 외에도 측정, 관찰, 조사(예, 토지이용) 등의 **야외 조사** 방법을 활용할 수 있다. **측정**은 도구를 활용해 대상의 양적인 특징을 재고 기록하는 것을 가리킨다. 가령, 미세먼지 농도에 영향을 미치는 요소들(예, 공원, 버스 정류장, 공사장, 공장 등)을 파악하기 위해 조사대상 지역 주변의 미세먼지 농도를 미세먼지 측정기를 활용해 측정하고 지도화 할 수 있다 미세먼지는 어디에? **참조**. **관찰** 조사를 위해 체크리스트를 활용하기도 한다(예, 그림 3.17). 관찰은 연구자의 주관에 의존하는 경향이 있기 때문에 체크리스트를 활용하고, 2명 이상이 조사를 한 뒤 점수를 비교한다면 이러한 연구자의 주관성에서 발생하는 문제를 줄일 수 있다. 사람들의 행동도 관찰하고 기록할 수 있다. 조사지역을 정해 놓고 일정 시간마다 관찰되는 특징(예, 지나가는 사람의 숫자, 가족 단위 방문객의 비율 등)을 기록하면 된다.

확률적 표본 추출 대상이 되는 모든 사람이 표본으로 뽑힐 수 있는 동등한 확률을 갖고 있다.	**비확률적 표본 추출** 조사자의 판단에 기초하여 대표적이라고 간주되는 것을 의도적으로 선택하는 방법이다. 조사자의 주관이 조사결과에 반영될 위험이 있다.	

단순 무작위 표본 추출(random sampling)

전체 모집단이 1,000명이라면 모집단 전체가 샘플링의 대상이 되며 샘플링될 가능성도 동일하다. 모집단의 각 요소에 중복 없이 일련번호를 부여하고 난수표를 활용해 샘플링한다.

체계적 표본 추출(systematic random sampling)

규칙적인 추출 간격에 따라 표본을 추출한다.
예) 교차로를 지나는 매 10번째 관광객들을 골라 인터뷰한다.

층화 표본 추출(stratified sampling)

모집단을 몇 개의 층으로 나누고(이것을 층화라 한다) 각 층으로부터 추출 단위를 뽑는 방법이다
예) 관광객을 연령대/성별을 고려하여 샘플링하는 방법: 20대 여성 5명, 20대 남성 5명, 30대 여성 5명, 30대 남성 5명 …

편의 표본 추출

연구자가 주관적으로 (편리한 방식으로) 표본을 추출한다.

유의 표본 추출

연구자가 판단하기에 특징을 조사하기에 가장 전형적인 집단을 선정하는 방식이다.
예) 외국인 집단 거주지역의 경우 대림동 차이나타운이나 안산의 다문화거리를 선택하는 방식이다.

눈 굴리기 표집(snow-ball sampling)

인터뷰 대상자가 놓인 환경이 특수하여 모집단을 확인하기 어렵고 접촉하기 어려울 경우 최초로 접촉한 대상를 통해 표본을 늘려 나가는 방식이다.
예) 외국인 노동자를 대상으로 한 연구의 경우 눈 굴리기 방식이 적합할 수 있다.

그림 3.16 설문조사 및 인터뷰에서 활용 가능한 표본 추출 방법

도로 포장 상태	배점	평가
파손되거나 패인 곳이 없다. 도로의 표면은 보수/관리가 잘되고 있다.	10	
일부 파손된 부분이 보이며, 보수가 필요하다.	5	
도로 표면의 50% 이상이 파손되었으며, 보수가 필요하다.	0	
쓰레기 상태		
쓰레기가 없고, 완벽하게 깨끗하다.	10	
약간의 쓰레기가 있지만 눈에 거슬리는 수준은 아니다	8	
도로 표면의 10% 이상에 쓰레기가 있다.	5	
도로 표면의 25% 이상이 쓰레기로 덮였다.	0	
거리 시설(광고판, 신호등, 표지판, 휴지통 등) 상태		
모든 시설들이 잘 작동하며 관리가 되고 있다.	10	
일부 시설물은 관리가 필요하다.	5	
많은 시설물이 보수와 관리가 필요하다.	3	
거의 사용이 불가능한 상황이다.	0	

대기오염 상태		
오염이 없다.	5	
바람이 불 때 약간의 오염이 있다.	4	
약간의 오염이 있다.	2	
상당한 오염이 있다. 숨쉬기가 어렵다.	0	
소음 상태		
소음이 없다.	5	
때에 따라 약간의 소음이 있다.	4	
상당한 소음이 있다.	1	
참을 수 없는 수준의 소음이 있다.	0	
조경/숲 상태		
20m의 도로를 기준으로 하나의 큰 나무 또는 3개의 작은 수목이 있다.	10	
40m의 도로를 기준으로 하나의 큰 나무 또는 3개의 작은 수목이 있다.	8	
80m의 도로를 기준으로 하나의 큰 나무 또는 3개의 작은 수목이 있다.	4	
100m 도로에 큰 나무 또는 작은 수목이 없다.	0	
주차 상태		
길가에 주차된 차량이 없다.	5	
100m 기준으로 4대 이하로 주차되었다.	3	
100m 기준으로 10대 이상 주차되었다.	0	
교통안전 상태		
차도와 보행로가 완벽하게 분리되어 있으며, 전혀 위험하지 않다.	10	
양쪽 방향으로 약간의 교통량이 있다.	6	
중간 정도의 교통량이 있다.	4	
상당한 교통량이 있다.	2	
교통 체증이 심각하다.	0	
건물의 상태		
모든 건물들이 잘 관리되고 있다.	5	
절반 정도의 건물이 잘 관리되고 있다.	3	
건물의 20% 이상은 상당히 낡았으며, 구조적으로 취약하고, 철거가 필요한 상태이다.	0	

그림 3.17 도시환경의 질(quality)을 조사하기 위한 체크리스트

출처: www.geography-fieldwork.org/gcse/urban/cbd/fieldwork/

07
연구결과 작성하기

연구결과는 수집한 연구방법에 따라 수집한 데이터를 기술하고 정리하는 장(chapter)이다. 수집한 모든 데이터를 제시하는 것이 아니라 연구질문에 답하는 데 필요한 데이터만 제시해야 한다. 연구질문과 관련 없는 결과를 제시한다면 논문의 흐름을 방해하게 된다. 연구결과는 연구질문을 먼저 제시하고, 각각의 질문에 필요한 데이터(데이터 1, 데이터 2, …)를 순서대로 제시한 후 소결을 내린다. 연구질문이 2개 이상이라면 이러한 과정을 반복한다(그림 3.18).

연구질문 1	연구질문 2	연구질문 3
데이터 1.1	데이터 2.1	…
데이터 1.2	데이터 2.2	
데이터 1.3	데이터 2.3	
…	…	
소결	소결	

그림 3.18 연구결과의 구조

수집한 데이터는 가능하다면 다양한 시각자료(예, 지도, 표, 그래프 등)로 표현한다. 조각난 정보를 여러 개 제공하기보다는 연구질문에 하나의 표나 그래프로 답하겠다는 느낌으로 표와 그래프를 작성한다.

연구질문
연구결과를 제시하기에 앞서 연구질문을 한 차례 더 언급한다. 연구질문을 통해 독자들은 왜 이러한 데이터를 수집했는지 이해할 수 있다.

데이터-표/그래프/지도

연구질문을 우선 제시한 다음 그에 맞춰 데이터를 제시한다. 즉, 연구질문 ① → 데이터 ① → 연구질문 ② → 데이터 ②와 같이 글의 구조에서도 질문과 데이터가 한눈에 쉽게 이해될 수 있도록 편집한다. 수집한 모든 데이터를 나열하지 말고 압축해서 제시하도록 한다. 가령, 하나의 질문에 핵심적인 표나 그래프를 통해 답을 제시하려는 방식을 추천한다.

기술, 분석, 설명/추론

제시한 데이터를 기술(데이터의 중요한 정보를 찾아 읽어준다), 분석(데이터의 경향, 패턴, 증감을 밝힌다), 설명/추론(분석한 내용의 의미를 설명하거나 이유 혹은 원인을 추론한다)한다. 기술, 분석, 설명/추론한 내용이 연구질문과 관련 있는지 확인하도록 한다.

소결

데이터를 통해 내릴 수 있는 작은 결론을 도출한다. 연구질문이 2개 이상이라면 위의 과정을 반복한다.

그림 3.19 연구결과 작성 요령

- 연구 질문에 답하기에 필요한 데이터를 제시했으며, 데이터는 적절하고 충분한가?
- 데이터를 적절한 형식(예, 표, 그래프, 지도 등)으로 표현했는가? 표, 그래프, 지도 등은 적절한 방식으로 조직, 표현되었는가?
- 데이터를 적절하게 기술, 분석, 설명/추론하였는가? 기술, 분석, 설명/추론의 내용은 정확하며, 연구의 목적에 비추어 타당한가?
- 문단과 문장은 서로 논리적으로 연결되고, 지리적 용어와 개념을 적절한 방식으로 사용하고 있으며, 비문과 오타가 없는가?
  ※ 두괄식 문장을 추천합니다(예, 관광객 대상의 설문조사 결과는 세 가지로 요약할 수 있다. 첫째, … 둘째, …).

그림 3.20 연구결과 작성 체크리스트

표와 그래프는 정보 전달의 중요한 방법이다. 표와 그래프를 활용한다면 글에 전문적인 느낌을 주고, 독자의 관심을 유지 또는 이끌어내며, 방대한 양의 복잡한 정보를 효율적으로 설명해 준다. 많은 독자가 표나 그림(그래프)부터 파악한 다음 논문 전체를 읽기 때문에 이들을 공들여 작성할 필요가 있다. 학생들은 왜 특정 스타일의 표나 그래프를 선택했는지 설명할 수 있어야 하며, 표와 그래프가 갖추어야 할 기본적인 형식을 따라야 한다. 표와 그래프를 작성할 때 시각적으로 보기 좋아야 하며, 행/열의 넓이와 간격, 글자 크기를 확인하고 통일성을 유지하도록 한다. 하나의 논문에서 여러 개의 표를 사용한다면 표의 형식은 모두 동일해야 한다. 표의 제목은 각 표의 위쪽에 그림의 제목은 각 그림의 아래쪽에 배치한다. 표와 그래프의 제목이 모호해서는 안 되며 내용을 간결하게 제시하고, 독자에게 알리고자 하는 부분을 정확하게 전해서 독자의 관심을 끌 수 있어야 한다. 그리고 모든 표, 그림(그래프)에 일련번호를 붙인다. 표나 그림이 하나뿐일 때에도 번호를 붙여야 한다. 표와 그래프의 부가적인 정보는 아래쪽에 작은 글씨로 기술한다.

표의 기술 vs. 분석 vs. 설명/추론

데이터를 표나 그래프로 제시했다면 이제는 표나 그래프를 설명해야 할 순서이다. 잘 만들어진 표나 그래프는 연구자가 표현하고자 하는 결과나 의도가 잘 드러나겠지만 그렇다고 설명이 필요 없는 것은 아니다. 표와 그래프에 대한 설명 방식이 정해진 것은 아니지만 기술 → 분석 → 설명/추론의 순서를 따를 수 있다. 〈그림 3.21〉을 통해 기술, 분석, 설명/추론의 의미를 이해하고, 자신들이 제작한 표나 그래프에도 적용해 보자.

주요 가구유형별 가구 전망, 2015-2045 (단위: 만가구, %)

질문		가구						구성비				
		2015	2017	2025	2035	2045	연평균 변화	2015	2017	2025	2035	2045
계		1,901.3	1,952.4	2,101.4	2,206.7	2,231.8	11.0	100.0	100.0	100.0	100.0	100.0
친족가구	계	1,362.0	1,373.4	1,403.9	1,416.5	1,392.8	1.0	71.6	70.3	66.8	64.2	62.4
	부부	295.2	313.0	384.9	456.0	474.2	6.0	15.5	16.0	18.3	20.7	21.2
	부부+자녀	613.2	593.3	507.5	424.8	354.1	-8.6	32.3	30.4	24.2	19.3	15.9
	부+자녀	53.5	57.0	67.2	73.8	75.1	0.7	2.8	2.9	3.2	3.3	3.4
	모+자녀	151.7	155.7	163.1	160.5	150.6	0.0	8.0	8.0	7.8	7.3	6.7
	3세대이상[1]	103.4	100.0	85.9	74.6	64.5	-1.3	5.4	5.1	4.1	3.4	2.9
	기타[2]	145.0	154.5	195.3	226.7	274.3	4.3	7.6	7.9	9.3	10.3	12.3
1인 가구		518.0	556.2	670.1	763.5	809.8	809.8	27.2	28.5	31.9	34.6	36.3
비친족가구		21.4	22.7	27.4	26.8	29.1	29.1	1.1	1.2	1.3	1.2	1.3

1) 부부+미혼자녀+부(모), 3세대 이상 기타
2) 가구주+형제자매(기타 친인척), 1세대 기타, 부부+부(모), 부부+자녀+부부형제자매, 조부(모)+손자녀, 2세대 기타
자료출처: 통계청, 장래가구추계(2015~2045)

1 기술한다 - 표의 중요한 정보를 찾아 읽어준다.

예) 위의 표는 2015년부터 2045년까지 주요 가구 유형별 가구 전망을 보여준다.

예) 1인 가구의 비율이 2015년 전체의 27.2%에서 2045년에 36.3%로 증가하는 것을 알 수 있다.

예) 자녀가 없는 부부의 비율은 증가하지만(15.5% → 21.2%), 자녀가 있는 부부의 비율은 감소할 것으로 예상되었다(32.3% → 15.9%).

예) 3세대 이상 가구의 비율은 현재에도 높지 않지만 계속 감속할 것으로 예상된다 (5.4% → 22.9%).

※ 표에 있는 숫자를 전부 읽어주는 방식은 피해야 한다(예, "표 1에서 보듯, 실험참가자 중 32%는 1번을 선택했으며, 12%가 2를 선택했고, 10%는 3을 선택했으며 46%가 4 를 선택했다").

2 분석한다 - 데이터의 경향, 패턴, 증감을 밝힌다.

예) 전통적인 친족 중심의 가족 구성의 비율은 지속적으로 감소하고 있으며, 부부 가구, 1
인 가구, 비친족가구의 비율은 점차 증가하고 있는 추세이다.

3 설명/추론한다 - 분석한 내용의 의미를 설명하거나 이유 혹은 원인을 추론한다.

예) 가족 및 부모 부양에 대한 전통적 의미 변화를 보여준다.

예) 경제적 이유로 인한 가족 해체, 사회·경제적 요인에 의한 결혼의 연기, 평균 수명 연
장에 의한 노인인구 증가 등 다양한 이유로 1인 가구가 증가했을 것이다.

예) 1인 가구를 위한 주거지원, 고용지원, 돌봄 및 안전지원 등 다양한 지원과 혜택이 마
련될 필요가 있다.

그림 3.21 표 기술하기, 분석하기, 설명/추론하기

08
결론 작성하기

데이터 기반 탐구적 글쓰기에서 결론은 질문에 대한 답변이다. 결론이라고 해서 뭔가 중요한 이야기를 꾸며낼 필요도 없으며 연구질문에 대한 답을 간략하게 적으면 된다. 만일 '강원랜드 카지노가 들어선 다음 이 지역은 더 살기 좋은 곳은 바뀌었는가?'라는 연구질문에 대해 아래와 같은 세 가지의 소결을 갖게 되었다고 가정해 보자. 이제 당신이 해야 할 작업은 아래의 세 소결을 바탕으로 하나의 결론을 내리는 것이다. 여러분이라면 어떤 결론을 내리겠는가?

- 소결 1. 1975~2000년 사이 인구 증감 데이터(2차 데이터)를 분석한 결과 강원랜드 카지노의 건립은 인구의 증감에 크게 영향을 미치지 못한 것으로 드러났다. 지속적으로 감소하던 인구는 강원랜드 카지노의 등장 이후에도 계속 감소하는 모습을 보였다.
- 소결 2. 지역 주민들을 대상으로 한 설문조사 결과는 강원랜드 카지노가 지역의 경제(일자리)와 공공시설 확충에 긍정적인 효과를 가져왔음을 보여준다.
- 소결 3. 강원랜드 카지노의 건립에 따른 지역의 변화에 대해 연령별로 다른 인식을 갖고 있음을 확인할 수 있었다. 장/노년층은 강원랜드 카지노가 들어서서 지역의 분위기가 더 안 좋아졌다고 응답하는 비율이 높았던 반면, 청년층은 확실히 일자리의 기회가 늘었다고 응답하는 비율이 높았다.

결과를 논의해 보자

연구결과를 **논의**(discussion)하는 것도 가능하다. 연구결과와 함께 논의를 작성하기도 하고, 논의를 위한 별도의 장을 마련하기도 한다. 논의는 연구결과의 의미를 진술하는 내용이다. 연구결과 부분에서 학생들은 최대한 절제된 형태로 연구결과를 기술하고, 분석하였다. 지금까지는 최대한 담백하고 간결한 방식으로 연구를 기술해 왔다.

연구결과를 받아본 독자들은 어쩌면 '그래서 왜?' 혹은 '그래서 어쨌다는 건데?'라고 물어볼 수도 있다. 이제 그 질문에 답해야 할 때이다. 여러분들이 조사한 내용이 왜 중요한지, 어떤 의미가 있는지를 '여러분의 언어로' 설명해 보자.

만일 문헌연구를 통해 자신과 비슷한 주제를 연구한 선행연구를 찾아 정리했다면 연구결과를 비교하는 것도 가능하다. 선행연구와 결과가 비슷하게 나왔다면 시기와 지역이 다름에도 불구하고 왜 비슷한 결과가 나왔는지, 만일 결과가 다르게 나왔다면 차이를 만든 부분은 무엇인지(예, 시기, 지역, 연구방법 등)를 생각해 보자.

결론

자신의 연구에서 가장 중요한 한 문장을 작성하는 단계이다. 연구결과 부분에 '소결'을 정리해 둔 부분을 찾을 수 있을 것이다. 만일 2~3개의 소결을 내렸다면 소결을 종합해서 하나의 결론을 도출한다. 결론에서 새로운 이야기를 꺼내는 것은 매우 부적절하다. 원래의 질문이 무엇인지를 항상 기억하자.

논의

연구의 결과가 어떤 의미인지, 왜 중요한 연구인지를 설명해 보자. 이제까지 담백하고 건조하게 기술했다면 여러분의 목소리를 낼 수 있는 부분이기도 하다. 선행연구와 여러분의 연구결과를 비교할 수도 있다.

성찰

일반적인 연구 논문과 달리 데이터 기반의 탐구적 글쓰기에는 '성찰'이 포함된다. 자신의 연구 과정에 대해 제3자의 입장에서 평가해 보는 단계이다. 자신의 연구를 무작정 방어하거나 폄하하려는 것이 아니라 '이번 연구에서는 이러이러한 방법을 사용했는데 이 방법은 이러한 측면에서 한계가 있고 더 신뢰할 만한 결과를 얻기 위해서는 이런 방법이 가능할 것이다'와 같은 자기 평가를 담아야 한다. 평가를 위해 던져볼 수 있는 질문은 아래와 같다.

- 수집한 데이터는 얼마나 신뢰할 수 있을까? 신뢰도를 높일 수 있는 방법은 무엇일까?
- 데이터를 분류, 처리, 표현하는 방법은 적절했나? 더 나은 방법은 없을까?
- 나는 연구질문들에 대한 답을 얼마나 찾았는가? 답변에 대한 근거는 충분한가?

- (다음에 기회가 주어진다면) 추가적으로 조사하고 싶은 질문이 있는가?
- 이번 활동을 통해 새롭게 알게 된 것은 무엇인가? 배운 것을 어떻게, 어디에 활용할 수 있을까?

그림 3.22 결론 작성 요령

- 연구질문에 한두 문장으로 답변했는가? (결론을 제시했는가?)
- 연구결과의 의미를 설명하였는가? 연구결과의 일반화를 시도했는가?
- 자신의 연구 과정에 대해 성찰했으며, 성찰의 내용은 연구를 보완하거나 향상시킬 수 있으며, 연구에 대한 충분한 고민과 반성이 드러나는가?
- 연구결과는 이해하기 쉬운 방식으로 작성되었는가? 비문이나 맞춤법 오류, 띄어쓰기 오류는 없는가?

그림 3.23 결론 작성 체크리스트

09
최종 소논문의 발표와 평가

완성된 논문(혹은 초안)을 발표하는 것은 중요하다. 학생들에게 학기 초에 제출한 연구계획서를 나눠주고 계획서와 최종 논문을 비교하게 하는 것도 좋은 방법이다. 이 방법을 통해 논문의 어떤 부분이 변경되었는지, 왜 변경되었는지를 생각해 보게 할 수 있다. 아래는 학생들의 발표 후 학생들에게 던질 수 있는 질문이다. 발표가 끝난 후 무작위로 3개의 질문을 뽑게 한 다음 답변하게 할 수 있다.

1　왜 이러한 주제를 선택했는가?
2　논문에서 가장 흥미로운 부분은 어디인가?
3　연구를 진행하면서 이 주제에 대한 너의 생각은 어떻게 발전했는가?
4　논문의 초안을 완성하였다. 논문을 작성하는 과정에서 어느 부분이 가장 흥미로웠는가?
5　연구를 진행하면서 연구자로서 어떤 부분이 발전되었다고 생각하는가?
6　데이터 수집과정에서 (예상치 못한) 문제가 있었는가?
7　선택했던 데이터 수집방법은 실제로 잘 작동했는가?
8　데이터 수집과정에서 한계점은 무엇이라 할 수 있을까?
9　데이터 분석 방법에 대해 설명할 수 있을까?
10　데이터를 분석, 혹은 표현하면서 어려움이 있었는가?
11　수집한 데이터가 본 연구질문에 답하는 데 가장 최적이라 생각하는가?
12　연구의 주요 결과를 몇 문장으로 설명할 수 있는가?
13　만일 연구를 다시 진행한다면 어떤 부분을 바꿔보고 싶은가?

그림 3.24 최종 발표 때 학생들에게 던질 수 있는 질문

새로운 사회 수업의 발견

10
소논문 작성에서 교사의 역할

　데이터 기반의 탐구적 글쓰기에서 학생들의 주도적인 역할이 필수적이지만 그렇다고 교사의 역할이 줄어드는 것은 아니며 **조력자(facilitator)**의 역할로만 고정되는 것도 아니다. 연구와 글쓰기에 대한 학생들의 수준과 경험, 학생과 교사에게 주어진 시간, 학생들의 참여와 열의 정도, 소그룹으로 진행하느냐 혹은 개인과제로 진행하느냐에 따라 교사의 지도 및 피드백의 정도는 달라질 수밖에 없다. 학생들이 연구의 계획과 데이터 수집에 대한 경험이 없을수록 교사의 지원과 도움은 절대적으로 필요하다. 학생이 혼자의 힘으로 잘못된 방식으로 연구를 설계하고 데이터를 수집하는 것보단 교사의 도움을 받아 제대로 된 방식으로 적절한 데이터를 수집하는 경험이 더 중요하다. 학생들의 연구 설계가 튼튼하지 않다면 글쓰기도 논리적일 수 없다는 것을 알아야 한다. 〈그림 3.25〉는 학생의 연구와 글쓰기에서 학생의 경험과 수준에 따라 교사의 역할이 어떻게 달라질 수 있는지를 보여준다.

구분	교사 주도 교사가 알려준다(inform)	중간 교사가 안내한다(guide)	학생 주도 교사는 지원한다(help)
질문	교사가 연구질문을 결정해서 제시한다.	교사는 예시가 될 수 있는 질문들을 준비한다. 학생들이 스스로 연구질문을 개발할 기회를 주고, 학생들이 개발한 질문에 피드백을 제공한다.	교사는 학생들이 질문을 개발할 수 있도록 돕는다.
계획	교사가 학생들이 어떤 데이터를 어떻게 수집할 것인지 결정한다. 데이터 수집에 필요한 장비/기기를 제공하고, 사용방법을 알려준다.	교사는 데이터 수집방법을 준비하였지만, 학생들이 스스로 데이터 수집방법을 생각해 볼 기회를 주고 그에 대해 피드백을 제공한다. 학생들은 교사가 제시한 데이터 수집방법을 사용하더라도 왜 그러한 방법을 사용하는지 명확하게 이해할 필요가 있다.	교사는 학생들이 적절한 데이터 수집방법과 절차를 찾을 수 있도록 지원한다.

데이터 수집	답사지역에서 교사는 어떤 데이터를 어떤 방식으로 수집해야 하는지 시범을 보여준다. 학생들의 데이터 수집과정을 모니터링하고, 피드백을 제공한다.	답사지역에서 교사는 학생들에게 데이터 수집방법을 알려준다. 학생들은 현장의 상황에 맞춰 역할을 나누고, 순서나 방법을 변경하거나 추가한다. 교사는 학생들의 데이터 수집을 모니터링하고 일부 피드백을 제공할 수 있지만, 전체적인 데이터 수집의 관리는 학생들의 몫이다.	학생들이 주도해서 데이터를 수집한다. 학생들이 원한다면 피드백을 제공할 수 있다. 현장의 상황에 맞춰 학생들은 수집방법이나 절차를 주도적으로 변경한다.
설명	교사는 데이터를 어떻게 정리, 분석, 표현, 해석해야 하는지 알려준다. 교사는 데이터에 나타난 패턴이나 상관관계를 읽고, 결과를 해석한다.	교사는 수집된 데이터를 어떻게 정리, 분석, 표현, 해석할 수 있는지 설명한다. 학생들은 왜 이러한 방법을 사용해야 하는지 이해할 수 있도록 다른 방법의 장단점을 논의한다. 교사는 학생들이 데이터의 패턴이나 상관관계를 읽을 수 있도록 안내한다. 교사는 데이터의 기술(description)은 돕지만 설명(explanation)은 학생들의 몫이다.	교사는 학생들이 수집한 데이터를 최적의 방법으로 정리, 분석, 표현, 해석할 수 있도록 지원한다. 교사는 학생들이 자신들의 해석이나 설명에 대해 비판적일 수 있도록 돕는다.
반성	교사는 학생들의 연구가 어떻게 향상될 수 있는지 말해준다.	교사는 학생들에게 질문을 제시하는 방법으로 자신들의 탐구가 어떻게 향상될 수 있는지 생각할 기회를 제공한다.	자신들의 탐구를 비판적으로 반성한다.

그림 3.25 교사의 역할 스펙트럼

좋은 교사들은 학생들이 논문을 작성하는 과정 내내 방향을 안내하고 필요한 조언을 제공해준다. 교사는 학생들에게 어떻게 하면 논문이 향상될 수 있는지 설명해 줄 수는 있지만 학생들이 작성한 논문의 문제점을 직접 고쳐주거나 수정해 줄 수는 없다. 가령, '어떻게 하면 논문의 주장을 더 명료하게 할 수 있을까?', '이 부분에서 추가될 내용이 있다면 무엇일까?'와 같은 코멘트를 제시할 수 있으며, 인용이나 참고문헌 정리에 오류가 있다면 다시 수정하라고 얘기할 수 있다.

학생들의 연구질문 정하기와 데이터 수집 지원하기 - 영국 사례

데이터 기반의 탐구적 글쓰기에 대한 안내와 체크리스트가 준비되었다고 해서 당장

새로운 사회 수업의 발견

걱정이 없어지는 것은 아니다. 학생들이 과연 적합한 연구질문을 제시할 수 있을지, 연구질문에 적합한 데이터를 떠올리고, 이를 수집할 수 있을지, 논문 형식에 적합한 인용과 참고문헌 정리를 할 수 있을지 등 염려되는 부분은 여전히 많다. 학생들의 글쓰기 외에도 학교 교육과정 내에서 학생들이 연구를 계획하고, 데이터를 수집하고, 또 논문을 작성할 수 있는 시간을 찾아내는 것도 고민을 더해 준다.

이들 문제와 관련하여 영국의 지역조사 방식을 참조할 수 있다. 영국의 학생들이 응시하는 중등학교 졸업시험(GCSE)에서 지리과목을 선택하면 지역조사(local investigation)를 필수로 수행해야 한다. 지역조사를 위해 학생들은 반드시 야외에서 데이터를 수집하고 이를 바탕으로 보고서(논문)를 작성해야 한다. 지역조사 시험은 단위 학교에서 지리교사의 감독 및 지도하에서 진행되기 때문에 학교에서 진행하는 수행평가와 유사한 점이 많다. 학생들은 총 20차시(야외에서 데이터를 수집하는 시간은 제외)의 수업 시간 동안 지역조사에 필요한 전 과정을 수행하고 보고서 작성을 마쳐야 한다. 〈그림 3.26〉은 지역조사의 단계별 학생과 교사의 역할을 보여준다.

단계		설명	통제수준	시간
과제선정		• 교사들은 평가기관에서 제시한 주제들 중에서 학교에서 수행 가능한 주제를 선정한다.		
과제 수행	계획	• 교사들은 교과협의회를 통해 연구질문과 구체적인 데이터 수집 방법을 준비한다. • 학생들과의 협의를 통해 연구질문과 데이터 수집방법을 결정한다. 이때 학생들에게 구체적인 질문과 데이터 수집방법을 생각하고 제안할 수 있는 기회를 주고, 학생들의 아이디어를 바탕으로 준비했던 아이디어와 접목해서 최종 방법을 결정한다. 학생들에게는 학급의 공통질문과 공통 데이터 수집방법 외에 자신들만의 고유한 질문과 고유한 데이터를 포함해야 한다고 안내한다.	낮은	3
	데이터 수집	• 1차 데이터를 수집하고 기록한다.	낮은	종일
	연구	• 수집한 데이터의 표현방법을 결정하고, 데이터를 정리/표현한다. • 도움이 되는 2차 데이터를 찾아서 분석한다.	낮은	9

분석, 결론, 평가/ 논문 작성	• 학생들은 데이터를 분석/해석하고, 연구질문에 맞춰 결론을 도출한다. • 수집한 데이터의 한계, 결론의 타당성과 관련하여 자신의 야외 조사를 평가한다. • 야외 조사의 모든 단계를 최종 보고서의 형태로 종합한다. 최종 보고서뿐 아니라 야외 조사의 전 과정을 보여줄 수 있는 중간 산출물을 개인별 폴더에 함께 모아둔다.	높은	8
과제 평가	• 교사는 평가기관에서 제시한 평가기준에 맞춰 학생들의 논문을 평가하고, 평가결과를 평가기관에 보고한다.		

그림 3.26 지역조사의 절차와 교사/학생의 역할

학교 단위에서 조사할 연구 주제는 공통이며, 주제는 교사들이 협의하여 결정한다. 중등학교 졸업시험을 위해 진행하는 지역조사의 경우 개별 학교나 학생들이 마음대로 주제를 선정할 수 있는 것은 아니며, 평가기관(우리나라의 교육과정평가원에 해당)에서 매년 지역조사를 위한 주제들을 발표한다. 단위 학교에서는 학교가 위치한 지역에서 수행이 가능한 주제/과제인지, 학생들이 1차 데이터를 수집할 수 있는지, 다양한 데이터의 처리/표현방법(예, 지도화, 통계, 그래프 작성 등)이 가능한지 등을 종합적으로 고려하여 하나의 주제/과제를 선정하게 된다. 아래는 2015년 발표되었던 지역조사 주제/과제들의 목록이다(그림 3.27).

- 로컬지역의 지속가능발전-선정한 지역의 교통시스템을 지속가능성 측면에서 조사하라.
- 하천(지형 프로세스 관리)-선정한 하천의 특징은 무엇이며, 어떤 방식의 홍수관리가 필요한가?
- 해안(지형 프로세스 관리)-해안을 따라 해안선의 후퇴율이 어떻게, 왜 차이가 발생하는가?
- 도시의 토지이용 변화-도시지역에서 버려졌던 산업부지가 최근 어떻게, 왜 재개발되었는가?
- 농촌경관의 변화-최근 역도시화 현상이 농촌공동체에 미친 영향을 조사하라.
- 관광의 영향-최근 관광산업의 발달이 지역에 미친 사회적 영향을 조사하라.

그림 3.27 지역조사를 위한 주제 예시

연구질문이나 데이터 수집방법에도 교사들이 적극 참여한다. 지리교사들은 교과 협의회를 통해 과제/주제를 바탕으로 핵심 연구질문과 이 질문에 적합한 데이터 수집방법, 그리고 분석/표현방법을 마련한다. 가령, 단위 학교가 영국의 옥스퍼드에 위치하고 있다면, 옥스퍼드의 교통시스템은 지속 가능한가?라는 질문을 채택하고, 이 질문에 답하는데 필요한 데이터(예, 출퇴근 시간 주요 지점별 교통량, 환경의 질, 자전거 도로 확보 등), 데이터 수집방법(예, 교통수단별 교통량 관찰, 지속 가능 발전을 위한 환경지표, 직접 조사 등), 데이터 분석 및 표현방법(예, GIS를 활용한 구간별 교통량 표현 등)을 마련한다. 이러한 구체적인 질문과 데이터 수집방법, 표현방법을 준비한 상태에서 학생들과 함께 연구 계획을 수립한다. 핵심은 학생들에게 연구질문과 데이터 수집방법을 생각하고 제안할 수 있는 기회를 충분히 제공하고, 이를 바탕으로 교사들이 준비한 아이디어를 접목한다는 것이다.

연구에 필요한 데이터는 학급이 공동으로 수집한다. 지역조사가 시험으로 진행되기는 하지만 그렇다고 협력이 금지되는 것은 아니다. 학생들은 연구질문에 답하는 데 필요한 충분한 숫자의 데이터를 확보하기 위해 역할이나 구역을 나눠서 데이터를 수집하거나 소그룹 내에서 데이터를 교환하는 것도 가능하다. 물론 무임승차가 가능한 것은 아니다. 모든 학생이 1차 데이터 수집이라는 경험을 갖도록 하되 비교적 짧은 데이터 수집 시간을 고려하여 협력을 허용하는 것이다.

데이터의 분석과 해석, 논문 작성은 학생 개인의 책임하에 진행된다. 이제까지의 절차는 일정 부분 협력이 가능했다면 데이터를 해석하고, 논문을 작성하는 과정은 온전히 개별 학생이 독립적으로 진행하도록 한다. 이 부분이야말로 개인별 학생의 역량이 뚜렷하게 드러나는 부분이다. 이처럼 학생들 간의 협력의 정도나 교사가 학생들에게 제시할 수 있는 조언/피드백의 성격이 지역조사의 단계에 따라 달라지기 때문에 이를 '통제된 수행평가(controlled assessment)'라 부른다. 이 단계에서 학생들은 지금까지 수집된 증거만을 활용해 결과를 도출해야 하며 더 이상 새로운 자료를 교실로 가져오는 것도, 그리고 인터넷을 활용하는 것도 금지된다. 이러한 통제가 가능한 것은 학생들이 작업하는 파일을 지리교실에서 보관하기 때문이다. 학생들은 교실에 입장하면서 자신의 파일을 받고, 수업시간이 끝날 때 교사에게 다시 반납하게 된다. 교사는 기술 방법을 안내할 수 있지만 설명할 수는 없다. 교사는 보고서의 구성, 나아가 기술 방법까지 설명할 수 있다. 가령, 출근 시간 지역별 교통량 데이터를 수집했다면 교사는 학생들에게 "전체 교통량 중 ○○이 차지하는 비중은 몇 %이며, CBD로 이동할수록 관찰할 수 있는 일반적인

그림 3.28) 제시된 지도에 야외 조사와 2차 데이터를 통해 확인한 내용을 정리했다.

경향은 ⋯"과 같이 방식으로 보고서를 기술할 수 있다고 알려준다. 다만, 어떤 내용이 포함되어야 하는지, 그리고 결과를 어떻게 설명할 것인지는 전적으로 학생의 몫이다.

학생들의 최종 보고서는 교사가 평가한다. 지역조사의 모든 단계가 종료되면 교사는 평가기관이 제공한 평가기준에 맞춰 학생들의 보고서를 평가한다. 교사의 평가결과는 평가기관에 보고되며, 평가기관은 일부 학생들의 보고서와 근거자료(학생 개인별 폴더)를 제출받아 교사의 평가가 타당하고 일관성이 있는지 확인하는 절차를 통해 최종적으로 점수를 확정한다. 이 과정에서 학생들은 학생들이 수집한 원자료(raw data)부터, 중간산출물(예, 그래프, 도표 작성을 위한 엑셀 파일) 등을 개인별 폴더에 모두 보관한다.

새로운 사회 수업의 발견

부록.
통계 분석

통계 분석에 활용되는 몇 가지 주요 방법/원리를 사례를 통해 설명하였다.

각각의 통계 분석값에 대해 생성형 인공지능(ChatGPT)을 실행해 결과값을 비교해 볼 수 있다.

평균/중앙값/최빈값

평균/중앙값/최빈값은 통계 분석에서 가장 쉽지만 지리학에서 널리 사용되는 중요한 방법이기도 하다. 주로 1차(primary), 2차(secondary) 데이터를 분석하거나 대략적인 값을 제시하고 싶을 때 활용한다.

평균(mean)은 산술적(arithmetical) 평균이다. 지리학 연구에서 평균은 산술적 평균을 의미한다. 평균을 계산하는 방법은 간단하다. 데이터의 값을 모두 더한 다음 데이터의 개수만큼 나누면 된다.

중앙값(median)은 작은 수부터 큰 수까지 (혹은 반대로) 줄을 세워 중간에 위치하는 숫자를 중앙값(대푯값)이라 한다. 평균에 비해 예외적으로 크거나 작은 수의 영향을 적게 받는다.

예시

아래 숫자는 익선동 방문객 10명을 대상으로 최근 1년 동안 익선동 방문 횟수를 조사한 결과이다. 평균, 중앙값, 최빈값을 구해보자.

1 1 1 1 2 2 3 4 4 20

최빈값(mode)은 가장 자주 나오는 수를 가리킨다.

데이터의 분산 설명 - 사분 범위

사분 범위(interquartile range, IQR)는 중간 50%의 데이터가 흩어진 정보를 의미한다. 따라서 IQR은 Q3-Q1을 통해 구할 수 있다(아래 그림). 여기서 Q1은 데이터의 중앙값 아래쪽 절반에서의 중앙값을 의미하고, Q3는 중앙값 위쪽 절반에서의 중앙값을 의미한다. 즉, IRQ는 데이터를 1/4로 쪼개었을 때 중간에 두 구간을 나타낸다.

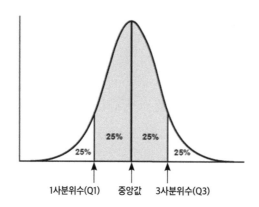

예시

아래는 ×국가의 기대수명을 **stem plot**으로 나타낸 데이터이다. stem plot이란 나무의 줄기(stem)와 잎(leaf)의 방식으로 데이터를 표현한 것으로 왼쪽(stem)은 십의 자리를 오른쪽(leaf)은 일의 자리를 나타낸다. 따라서 6|4는 64세에 해당한다. 중앙값(median)과 사분범위(IQR)를 이용해 ×국가의 기대수명을 설명해 보자.

```
5 | 2
5 | 5 6
6 | 4
6 | 6 6 7 9
7 | 1 2 2 3 3 4 4 4
7 | 5 5 6 6 7 7
```

새로운 사회 수업의 발견

〈해설〉 IQR을 구하기 위해서는 먼저 Q1과 Q3 그리고 중앙값(medium)을 구해야 한다. 중앙값은 73이다(붉은색 표시). 중앙값을 제외하고, 중앙값의 위쪽에 11개의 데이터 그리고 아래쪽에 11개의 데이터가 존재한다. Q1은 아래쪽 11개의 중앙값이고, Q3은 위쪽 11개의 중앙값이다. Q1은 66(파란색 표시), Q3는 75(파란색 표시)가 된다. 따라서 IQR=Q3-Q1=75-66=9가 된다. IQR이 9라는 것은 중앙 쪽에 위치한 데이터의 50%가 9만큼의 변화를 보인다는 의미이다. 이는 표준편차와 비슷한 역할을 하며 데이터의 변화 정도를 보여주는 하나의 수치가 된다. IQR이 크다는 것은 데이터가 많이 흩어져 있을 가능성이 높다는 것을 말해준다.

평균의 비교 - *t*-test

두 데이터 값이 통계적으로 차이가 있는지를 규명하는 방법이다.

예시

E고등학교 학생들은 숲이 기온에 미치는 영향을 파악하기 위해 학교 운동장 주변을 돌며 나무 그늘 아래쪽과 바깥쪽의 온도를 각각 10군데씩 측정하였다. 두 지점들의 기온은 같다고 해야 할까 아니면 다르다고 해야 할까?

나무 그늘 아래 (℃)	나무 그늘 바깥 (℃)
19.3	21.7
21.4	25.8
17.9	20.1
20.8	22.1
19.9	26.4
19.7	19.9
21.9	22.8
17.1	21.6
18.9	24.3
20.2	19.1

〈해설〉 위와 같은 상황에서는 *t*-test를 활용해 평균의 차이가 통계적으로 유의한지 판별할 수 있다. 참고로 서열척도라도 서열척도의 점수의 합이 종속변수라면 *t*-test를

사용하는 것이 가능하다. *t*-test는 엑셀 프로그램을 활용한다. 엑셀(MS Excel) → 데이터 → 데이터 분석 → '*t*-검정: 등분산 가정 두집단' → '변수 1'에 '나무 그늘 아래' 값을, '변수 2'에 '나무 그늘 밖'의 값을 선택해서 넣어준다. → 확인

지점(℃)	나무 그늘 아래	나무 그늘 밖
평균기온(℃)	19.71	22.38
표준편차	1.49	2.47
사례 수	10	10
t 통계값	-2.924	
유의확률	0.004	

나무 그늘 아래쪽의 기온 평균값은 19.71℃ 표준편차는 1.49이며, 나무 그늘 바깥쪽의 기온 평균은 22.38℃, 표준편차는 2.47이다. 두 지점별 기온차이가 있는지에 대한 t 통계값은 -2.92, 유의확률은 0.004로서 유의수준 0.05에서 그늘 유무에 따라 기온 차이가 있는 것으로 분석되었다.

ChatGPT에게 위의 데이터를 입력하고, *t*-test를 요청해 보자. 아래와 같은 답변을 얻을 수 있다.

이 짝지어진 데이터에 대한 *t*-test를 수행하기 위해서는 먼저 두 집단의 차이값을 계산해야 합니다. 각 쌍에 대해 "나무 그늘 바깥" 체온에서 "나무 그늘 아래" 체온을 뺀 차이값을 계산하여 다음과 같은 차이값 데이터를 얻을 수 있습니다.

차이값: 2.4, 4.4, 2.2, 1.3, 6.5, 0.2, 0.9, 4.5, 5.4, -1.1

이제 이 차이값 데이터에 대해 *t*-test를 수행할 수 있습니다. 여기서는 등분산 가정을 만족하므로 독립된 두 집단의 등분산 *t*-test를 수행합니다. 유의수준을 0.05로 설정하면, 검정 결과 t(9)=3.013, p=0.013이 나옵니다. 이는 p-value가 0.05보다 작으므로 귀무가설(두 집단의 평균이 같다)을 기각할 수 있습니다. 따라서 "나무 그늘 아래"와 "나무 그늘 바깥"의 평균 체온이 서로 다르다는 것을 유의수준 0.05에서 유의미하게 확인할 수 있습니다.

두 데이터(변수) 간에 상관관계가 있는지를 판단하는 통계방법이다.

예시

E고등학교 학생들이 하천의 유량(Discharge)과 하상물질(bed load)의 크기 간의 관계를 파악하기 위해 조사지점별 유량, 하상물질의 크기(평균)를 조사하였다. 유량은 하천의 단면적을 구한 다음 유속을 곱하는 방식으로 계산하였다. 하천이 하류로 갈수록 유량이 증가하고 있으며, 하상물질의 크기가 감소하는 것처럼 보인다. 하지만 이러한 상관관계는 얼마나 강력한 것일까? 유량과 유속은 상관관계가 있을까?

수원지부터의 거리 (m)	유량 (cubic meters per second)	평균 하상물질의 크기 (mm)	유속 (m/sec)
150	0.20	4.2	0.15
500	0.31	4.5	0.20
800	0.26	3.6	0.45
1500	0.59	2.7	0.63
1950	0.81	3.1	0.68
2400	1.12	2.2	0.79
2700	1.01	2.0	0.63
3200	1.69	2.3	0.68
3700	1.93	1.7	0.93
4500	2.48	1.1	0.99
6000	2.21	0.6	1.01
8500	3.07	0.8	1.27

〈해설〉 위와 같은 상황에서는 엑셀의 '상관분석'을 활용해 통계적으로 유의미한 관계가 있는지를 판별할 수 있다. 엑셀(MS Excel) → 데이터 → 데이터 분석 → '상관 분석' → '유량'과 '평균 하상물질의 크기' 값을 선택한다. → 확인

	평균 하상물질의 크기	유속
유량	-0.910	0.923

　유량, 평균 하상물질의 크기, 유속 간의 상관관계를 살펴보면, 유량과 평균 하상물질의 크기 간의 상관계수는 -0.910으로 매우 높은 음의 상관관계를, 유량과 유속 간의 상관계수는 0.923으로 매우 높은 양의 상관관계를 보여준다.

상관계수의 범위	상관계수의 해석
±.00 - .20	상관이 매우 낮다.
±.20 - .40	상관이 낮다.
±.40 - .60	상관이 있다.
±.60 - .80	상관이 높다.
±.80 - 1.00	상관이 매우 높다.

〈표〉 상관계수의 해석기준

　상관관계를 갖는 데이터의 경우 그래프(scatter plot)를 통해 상관관계를 표현하는 것도 가능하다. 엑셀을 통해 Scatter plot을 그릴 수 있다. 엑셀(MS Excel) → 삽입 → 차트 → 분산형 → 비교하려는 두 데이터 선택

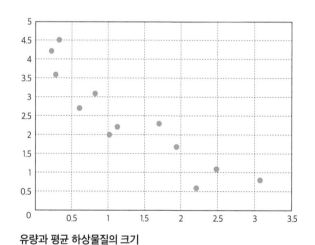

유량과 평균 하상물질의 크기

　위 데이터를 입력하고 생성형 인공지능(ChatGPT)에게 피어슨 유속과 유량 데이터

간의 피어슨 상관관계를 구해라 요청해 보자. 아래와 같은 답을 제시해 줄 것이다.

피어슨 상관계수가 0.964로 나타납니다. 이는 강한 양의 상관관계를 나타내며, 유량과 유속 간의 관계가 통계적으로 유의하다는 것을 나타냅니다. 따라서 유량과 유속 간의 피어슨 상관관계를 분석할 수 있습니다.

카이제곱 검정

그룹간 평균의 차이가 통계적으로 유의미한지 파악하려할 때 데이터의 성격이 양적 데이터가 아니라 질적 데이터(범주형)일 때 카이제곱 검정을 활용한다.

예시

E대학교 학생들은 최근 익선동의 변화가 지역의 발전에 도움이 되는지를 익선동의 각 구성원들(주민, 임대인, 상업(임차인), 상업(점원), 관광객)을 각 20명씩 대상으로 설문조사하였다.

질문 - 최근 익선동의 변화는 지역의 발전에 도움이 되는가?

전혀 그렇지 않다.	그렇지 않다.	보통	그렇다.	매우 그렇다.
1	2	3	4	5

학생들이 조사한 설문의 결과는 아래와 같다. 학생들은 특히 긍정적으로 답변한 사람들의 숫자가 궁금했기 때문에 '그렇다' 혹은 '매우 그렇다'고 응답한 사람들의 숫자를 더해서 표로 작성했다. 이들 구성원 간에는 의견 차이가 있는 것일까?

구분(유형)	긍정적 답변자 수
주민	4
임대인	6
상업(임차인)	16
상업(점원)	10
관광객	16

〈해설〉 아쉽지만 엑셀(MS Excel)은 카이제곱 검정 분석을 지원하지 않는다. 하지만 값을 구하는 것은 어렵지 않다.

	주민	임대인	상업(임차인)	상업(점원)	관광객	합계
O	4	6	16	10	16	50
E	10	10	10	10	10	50
O-E	-6					
$(O-E)^2$	36					
$(O-E)^2/E$	3.6					
X^2	3.6					

O는 관찰빈도이다. E는 기대빈도이다. 카이제곱 검정의 원리는 관찰빈도(실제 조사값)와 기대빈도의 차이를 조사하는 것이다. E는 O의 평균값이다. 위 표를 토대로 X^2값을 구해보자.

자유도(degree of freedom)는 유형의 개수(5)-1, 나머지 값은 아래 표에서 읽을 수 있다. 영가설('긍정적인 반응 간에는 그룹 간 차이가 없다')을 기각하기 위해서는 X^2의 값이 9.488 이상이 되어야 한다.

자유도	0.05	0.01
4	9.488	13.277

위 데이터를 넣고 생성형 인공지능에게 카이제곱 검정을 요청하면 피셔의 정확검증이 더 좋은 방법이라고 추천한다. 인공지능에게 피셔의 정확검증의 방식으로 5개 집단의 응답에 차이가 있는지 검증해 달라고 요청해 보자. ChatGPT는 R프로그램을 활용해 아래와 같은 답을 제시할 것이다.

p-value 값이 0.03482이므로 유의수준 0.05에서 검정하면 귀무가설을 기각할 수 있습니다. 따라서 "구분(유형)"과 "긍정적 답변자 수" 변수 간에는 유의한 관련성이 있다고 볼 수 있습니다. 또한, 추정된 오즈비(odds ratio) 값이 0.1226924이므로, "관광객" 구분에서 긍정적 답변자 수가 다른 구분에 비해 약 8배 더 많다고 추정할 수 있습니다.

|d 자유도를 갖는 카이제곱 분포의 임계값							
임계값을 초과할 확률							
d	0.05	0.01	0.001	d	0.05	0.01	0.001
1	3.841	6.635	10.828	11	19.675	24.725	31.264
2	5.991	9.210	13.816	12	21.026	26.217	32.910
3	7.815	11.345	16.266	13	22.362	27.688	34.528
4	9.488	13.277	18.467	14	23.685	29.141	36.123
5	11.070	15.086	20.515	15	24.996	30.578	37.697
6	12.592	16.812	22.458	16	26.296	32.000	39.252
7	14.067	18.475	24.322	17	27.587	33.409	40.790
8	15.507	20.090	26.125	18	28.869	34.805	42.312
9	16.919	21.666	27.877	19	30.144	36.191	43.820
10	18.307	23.209	29.588	20	34.410	37.566	45.315

⊞ 자유도가 d인 카이제곱 분포의 임계값

214쪽 〈표〉 상관계수의 해석기준 참조

참고문헌

1-1

임덕순, 1986, 지리교육론 - 원리와 적용, 보진재.

Sibley, D. F., 2009, A cognitive framework for reasoning with scientific models, *Journal of Geoscience Education, 57(4), 255-263.*

Lambert, D., and Balderstone, D., 2010, *Learning to teach geography in the secondary school,* London: Routledge.

Balderstone, D., and Payne, G., 1992, *People and cities, Oxford: Heinemann.*

Parkinson, A., 2009, Think inside the box: Miniature landscapes, *Teaching Geography,* 34(3), 120-121.

1-2

김성희, 이종원, 2012, 전문가와 초보자의 지형카드 분류 차이에 대한 연구, 한국지리환경교육학회지, 20(1), 63-78.

1-3

Aberg-Bengtsson, L., and Ottosson, T., 2006, What lies behind graphicacy? Relating students' results on a test of graphically represented quantitative information to formal academic achievement, *Journal of Research in Science Teaching,* 43(1), 43-62.

NCREL, 2002, enGauge® 21st Century Skills: Literacy in the Digital Age, www.ncrel.org/engage

Balchin, W. G. V., and Coleman, A. M., 1965, Graphicacy should be the fourth ace in the pack, *The Times Educational Supplement*, November 5, (Rpt. in *The Cartographer*, 1966, 3(1), 23-28).

Balchin, W. G. V., 1976, Graphicacy, *The American Cartographer*, 3(1), 33-38.

Balchin, W. G. V., 1996, Graphicacy and the primary geographer, *Primary Geographer*, 24, 4-6.

이종원, 조철기, 이간용, 박정애, 장혜정, 김현미, 2010, 사회과 교육 내용 적합성 분석: 지리 영역을 중심으로, 한국지리환경교육학회 추계학술대회 발표 요약집, 74-79.

1-4

Walford, R., 1987, Games and simulations, in D. Balderstone, (Ed.) *Secondary geography handbook*, Sheffield: Geographical Association

Roberts, M., 2013, *Geography through enquiry: Approaches to teaching and learning in the secondary school,* Sheffield: Geographical Association.

1-6

Lee, J., and Catling, S. 2017, What do geography textbook authors in England consider when they design content and select case studies? *International Research in Geographical and Environmental Education,* 26(4), 342-356.

1-7

Merriam-Webster.com

Gentner, D., 1983. Structure-mapping: A theoretical framework for analogy, *Cognitive Science*, 7(2), 155-170.

김자영, 손병노, 2010, 사회과 수업에서 유추의 활용, 사회과교육연구, 11(2), 73-111.

Gersmehl, P. J., and Gersmehl, C. A., 2006, Wanted: A concise list of neurologically defensible and assessable spatial-thinking skills, *Research in Geographic Education*, 8, 5-38.

Andrews, A. C., 1977, The concept of analogy in teaching geography, *Journal of Geography*, 76(5), 167-169.

Andrews, A. C., 1987, The analogy theme in geography, *Journal of Geography*, 86(5), 194-197.

Nelson, R. F., 1975, Use of analogy as a learning teaching tool, *Journal of Geography*, 74(2), 83-86.

1-8

Favier, T., and van der Schee, J., 2009, Learning geography by combining fieldwork with GIS, *International Research in Geographical and Environmental Education*, 18(4), 261-274.

Hedberg, J. G., 2014, Extending the pedagogy of mobility, *Educational Media International*, 51(3), 237-253.

Price, S., Davies, P., Farr, W., Jewitt, C., Roussos, G., and Sin, G., 2014, Fostering geospatial thinking in science education through a customisable smartphone application, *British Journal of Educational Technology*, 45(1), 160-170.

Jones, A. C., Scanlon, E., and Clough, G., 2013, Mobile learning: Two case studies of supporting inquiry learning in informal and semiformal settings, *Computers & Education*, 61(1), 21-32.

Chang, C-H., Chatterjeaa, K., Gohb, D. H-L., Thengb, Y. L., Limc, E. P., Sund, A., Razikinb, K., Kimb, T. N. Q., and Nguyenb, Q. N., 2012, Lessons from learner experiences in a field-based inquiry in geography using mobile devices. *International Research in Geographical and Environmental Education*, 21(1), 41-58.

1-10

ESRI.com (n.d.) GeoInquiries - Human Geography, www. esri.com/en-us/industries/education/schools/geoinquiries-human-geography

2-4

Chang, C-H., Chatterjeaa, K., Gohb, D. H-L., Thengb, Y. L., Limc, E. P., Sund, A., Razikinb, K., Kimb, T. N. Q., and Nguyenb, Q. N., 2012, Lessons from learner experiences in a field-based inquiry in geography using mobile devices, *International Research in Geographical and Environmental Education*, 21(1), 41-58.

Stokes, A., Magnier, K., and Weaver, R., 2011, What is the use of fieldwork? Conceptions of students and staff in geography and geology, Journal of Geography in Higher Education, 35(1), 121-141.

이종원, 오선민, 2016 모바일 테크놀로지 활용 탐구기반 야외 조사활동의 설계와 적용 경주 양동마을을 사례로, 대한지리학회지, 51(6), 893-91.

Roberts, M., 2013, *Geography through enquiry: Approaches to teaching and learning in the secondary school,* Sheffield: Geographical Association.

Lambert, D., and Reiss, M., 2014, *The place of fieldwork in geography and science qualifications*, Institute of Education, University of London: London.

Bland, K., Chambers, B., Donert, K., and Thomas, T., 1996, Fieldwork in P. Bailey and P. Fox (Eds.), *Geography teachers' handbook,* Sheffield, UK: The Geographical Association.

이종원, 오선민, 최광희, 2017, 조사형 야외학습 프로그램의 개발과 교육적 효과- 해안사구를 사례로, 한국지리환경교육학회지, 25(2), 129-150.

3-1

Roberts, M., 2013, *Geography through enquiry: Approaches to teaching and learning in the secondary school,* Sheffield: Geographical Association.

Lambert, D., and Reiss, M., 2014, *The place of fieldwork in geography and science qualifications*, Institute of Education, University of London: London.

Healey, M., and Matthews, H., 1996, Learning in small groups in university geography courses: Designing a core module around group projects, *Journal of Geography in Higher Education*, 20(2), 167-181.

새로운 사회 수업의 발견

바로 쓸 수 있는 지리 탐구 수업 가이드

초판 1쇄 발행 • 2023년 7월 7일
초판 2쇄 발행 • 2024년 6월 10일

지은이 • 이종원
펴낸이 • 김종곤
편집 • 김지훈 김용희 강동준
디자인 • 이소영
펴낸곳 • (주)창비교육
등록 • 2014년 6월 20일 제2014-000183호
주소 • 04004 서울특별시 마포구 월드컵로12길 7
전화 • 1833-7247
팩스 • 영업 070-4838-4938 / 편집 02-6949-0953
홈페이지 • www.changbiedu.com
전자우편 • contents@changbi.com
ⓒ 이종원 2023
ISBN 979-11-6570-218-2 93980